형태와 골격으로
이해하는
생선 손질법

회뜨기

바이블

시바타쇼텐 지음
최선아 옮김
김지민(입질의 추억) 감수

BOOKERS

들어가며

이 책은 1998년부터 1999년에 걸쳐서 전 6권으로 당사가 발행한, 별책 전문 요리《식재료와 일본 요리》를 바탕으로 편집한 것입니다. 이 편집본에서 다루고 있는 23종류의 생선 회뜨기 방법에, 17종의 어종을 더해서 총 40종의 어패류의 손질법을 소개합니다.

이 책의 특징은 생선을 체형별로 분류했다는 점입니다. 생선 회뜨기는 뼈에서 살을 발라내는 작업입니다. 생선은 형태가 유사하면 뼈 구조도 비슷하고, 살아온 환경도 닮아 있습니다. 생태 환경이 같으면 살의 특성도 비슷해져서 손질 방법도 동일하지요. 이에 생선을 체형별로 나누어 가장 알맞은 회뜨기 방법을 전달하고자 했습니다.

회뜨기에는 여러 가지 방법이 있으며, 하나의 정답이라는 것은 없습니다. 대가리나 가운데뼈도 요리에 쓰기 위해 일부러 뼈에 살을 많이 붙여서 손질하기도 하고, 손질할 시간이 넉넉하지 않으면 짧은 시간 내에 손질 가능한 방법을 우선시하기도 합니다. 여기서 소개하는 회뜨기 기술은 그 일부에 지나지 않지만, 왜 이렇게 손질하는지 그 원리를 이해한다면 같은 손질법으로 다른 종류의 생선에도 응용할 수 있습니다.

이 책의 증보 개정에 부쳐

2009년에 간행된《체형별 생선 손질법》은 15년에 걸쳐 많은 독자분의 지지를 받아왔는데, 이번 기회에 증보·개정을 거쳐 다시 발간하게 되었습니다. 더욱 쉽게 이해할 수 있도록 야마모토 아키라 씨의 도해를 여러 장 곁들였으며, 칼 가는 방법이나 다루는 법, 부록으로 내장의 츠보누키*와 이를 응용한 스가타즈쿠리**에 대해서는 '와케토쿠야마'의 총주방장을 역임한 노자키 히로미츠 씨의 해설을 넣었습니다. 회뜨기에 관한 더 유용한 정보들로 가득 채운 이번 개정판에 계속해서 변함없는 성원을 부탁드립니다.

---

* 가르지 않고 내장을 꺼내는 방법
** 생선의 대가리와 꼬리를 남겨 모양을 유지한 채로 담은 회(일명 통사시미)

차례

4

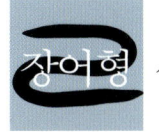

이 책의 사용법

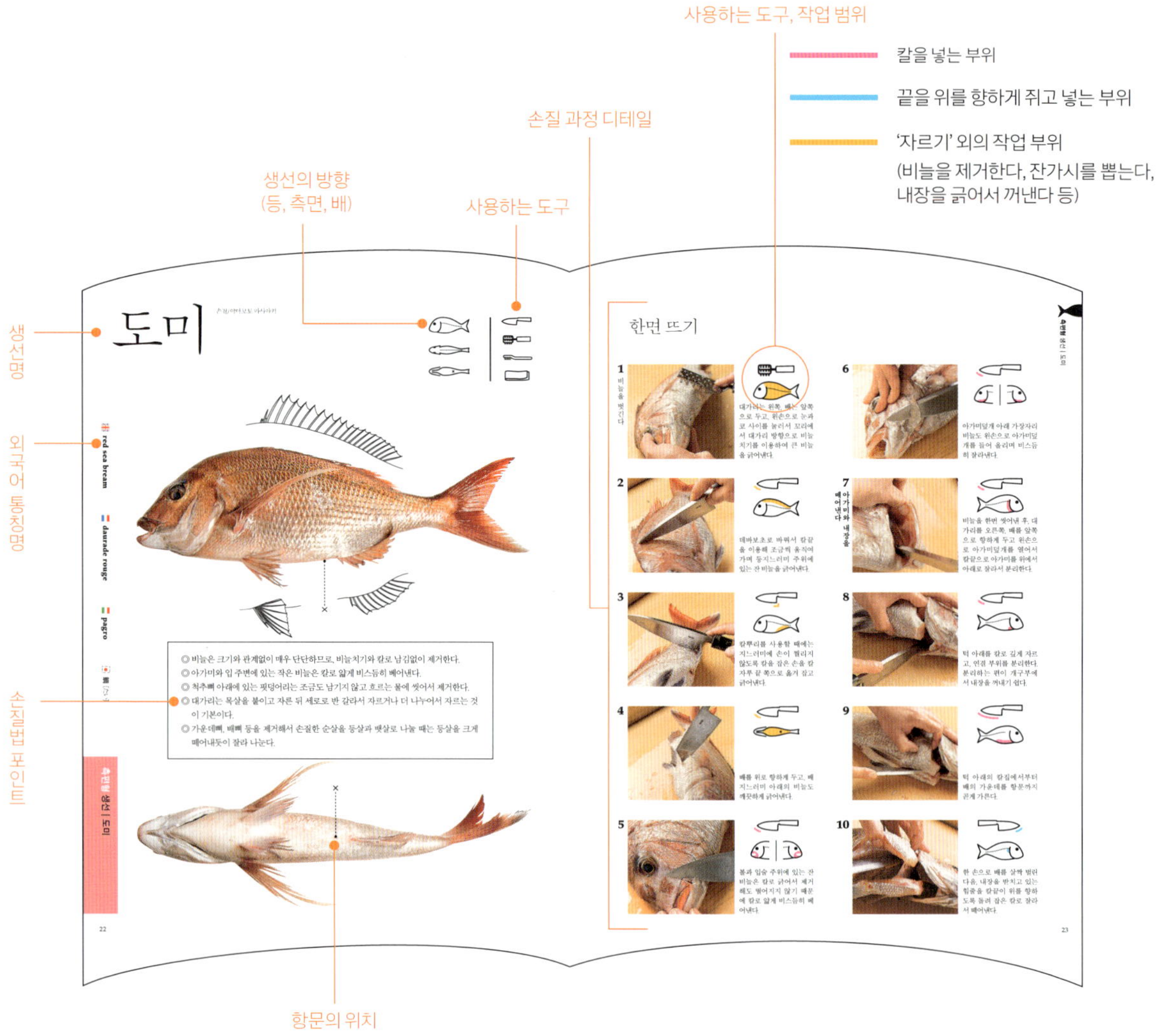

사용하는 도구, 작업 범위

칼을 넣는 부위

끝을 위를 향하게 쥐고 넣는 부위

'자르기' 외의 작업 부위
(비늘을 제거한다, 잔가시를 뽑는다,
내장을 긁어서 꺼낸다 등)

손질 과정 디테일

생선의 방향
(등, 측면, 배)

사용하는 도구

생선명

외국어 통칭명

손질법 포인트

항문의 위치

도미

Hi red sea bream
daurade rouge
pagro

○ 비늘은 크기와 관계없이 매우 단단하므로, 비늘치기와 칼로 남김없이 제거한다.
○ 아가미와 입 주변에 있는 작은 비늘은 칼로 얇게 비스듬히 떼어낸다.
○ 척추뼈 아래에 있는 핏덩어리는 조금도 남기지 않고 흐르는 물에 씻어서 제거한다.
○ 대가리는 목살을 붙이고 자른 뒤 세로로 반 갈라서 자르거나 더 나누어서 자르는 것이 기본이다.
○ 가운데뼈, 비뼈 등을 제거해서 손질한 순살을 등살과 뱃살로 나눌 때는 등살을 크게 떼어내듯이 잘라 나눈다.

22

한면 뜨기

1 2 3 4 5 6 7 8 9 10

23

본문에서 사용하는 도구 일람

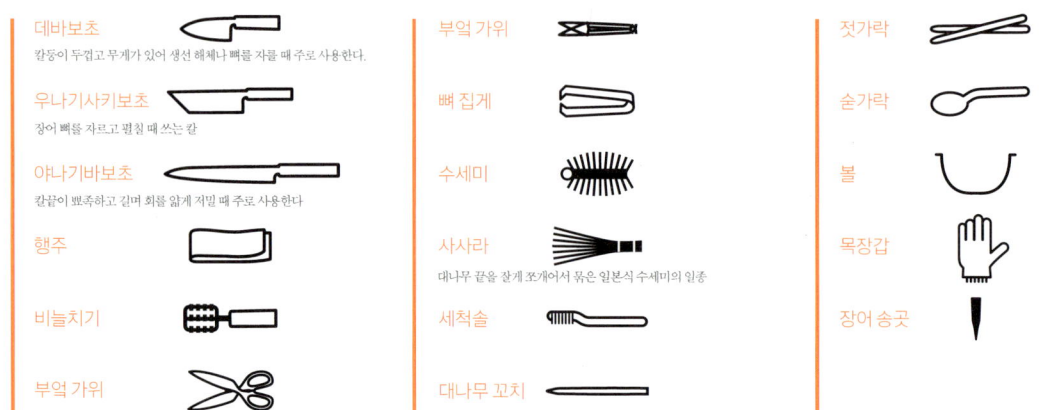

데바보초
칼등이 두껍고 무게가 있어 생선 해체나 뼈를 자를 때 주로 사용한다.

우나기사키보초
장어 뼈를 자르고 펼칠 때 쓰는 칼

야나기바보초
칼끝이 뾰족하고 길며 회를 얇게 저밀 때 주로 사용한다

행주

비늘치기

부엌 가위

부엌 가위

뼈 집게

수세미

사사라
대나무 끝을 잘게 쪼개어서 묶은 일본식 수세미의 일종

세척솔

대나무 꼬치

젓가락

숟가락

볼

목장갑

장어 송곳

부위의 명칭

생선의 부위

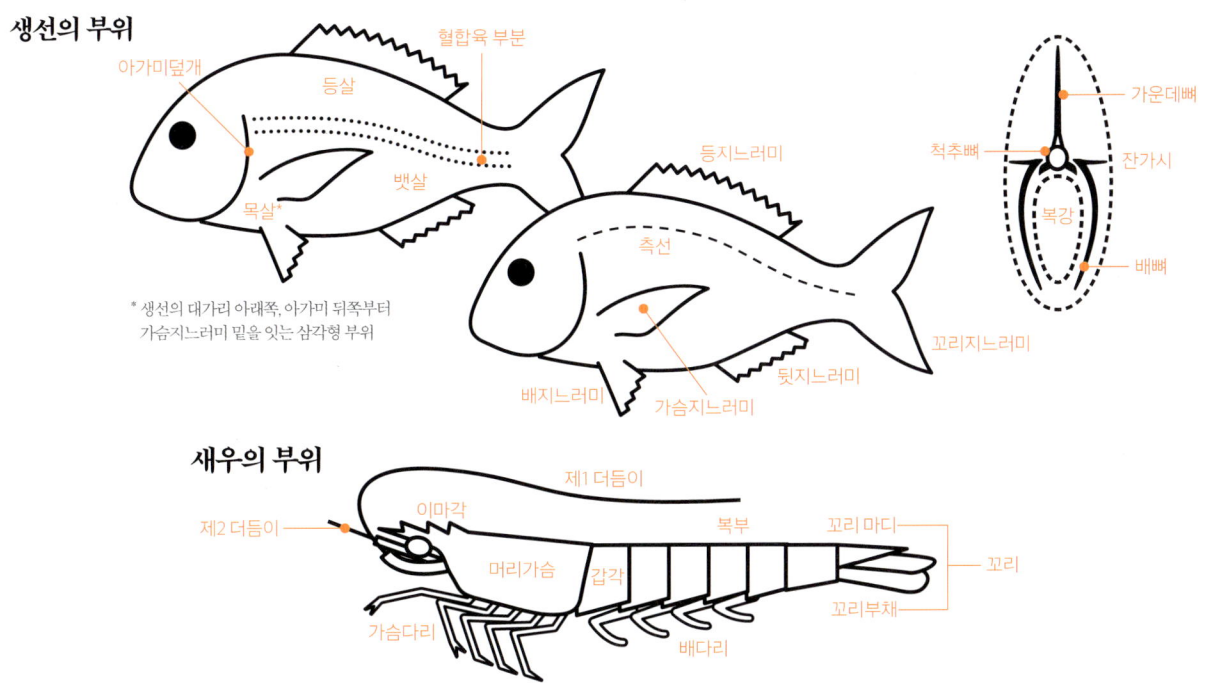

아가미덮개
혈합육 부분
등살
등지느러미
밸살
목살*
측선
가운데뼈
척추뼈
잔가시
복강
배뼈
꼬리지느러미
뒷지느러미
배지느러미
가슴지느러미

* 생선의 대가리 아래쪽, 아가미 뒤쪽부터
가슴지느러미 밑을 잇는 삼각형 부위

새우의 부위

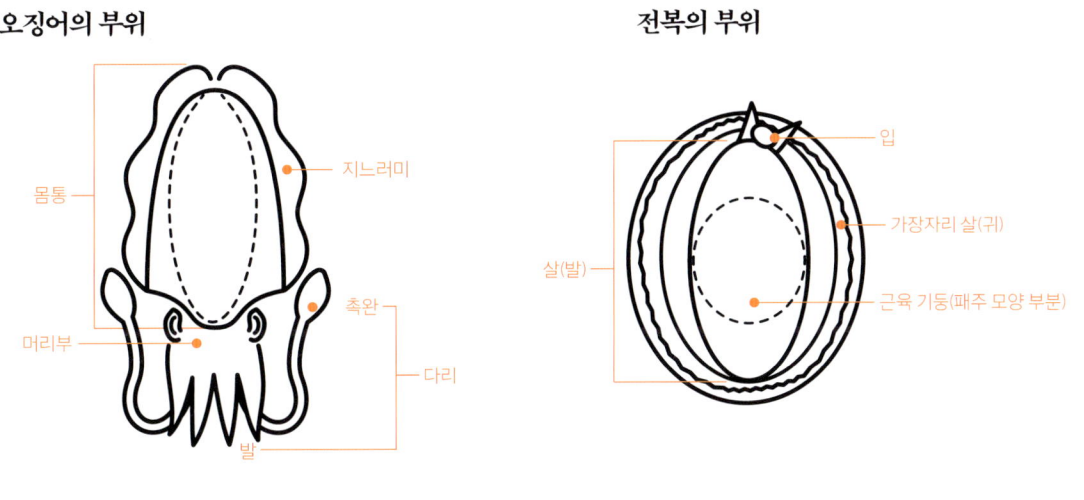

제1 더듬이
이마각
복부
꼬리 마디
제2 더듬이
머리가슴
갑각
꼬리
가슴다리
배다리
꼬리부채

오징어의 부위

몸통
지느러미
머리부
촉완
발
다리

전복의 부위

입
가장자리 살(귀)
살(발)
근육 기둥(패주 모양 부분)

게의 부위

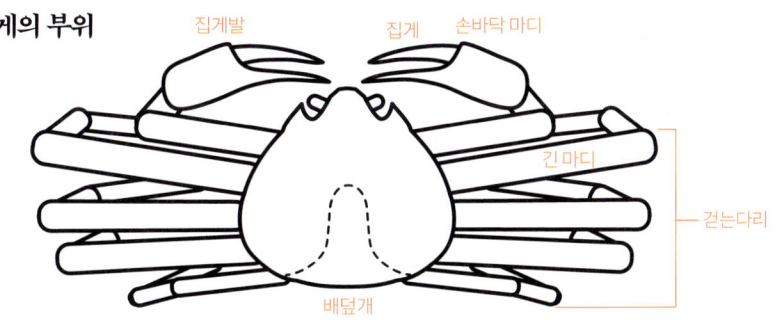

집게발
집게
손바닥 마디
긴 마디
걷는다리
배덮개

칼

칼을 가는 작업은,
칼의 구조를 잘 알고 있지 않으면 할 수 없으며,
생선 회뜨기 작업에 대한 이해로 이어진다.
'칼을 가는 법'을 몸으로 익히는 것은
'손질'을 익히는 데에도 도움이 된다.
이 책에서 소개하는 것은 중간 숫돌과 마무리 숫돌을
사용한 데바보초의 평상시 관리 방법이다.
뼈를 자르다가 칼날이 나가면
거친 숫돌을 사용해서 갈아야 하는데,
이는 칼 가는 방법에 대한 전문서를 참고한다.

칼의 기본과
가는 법

표면

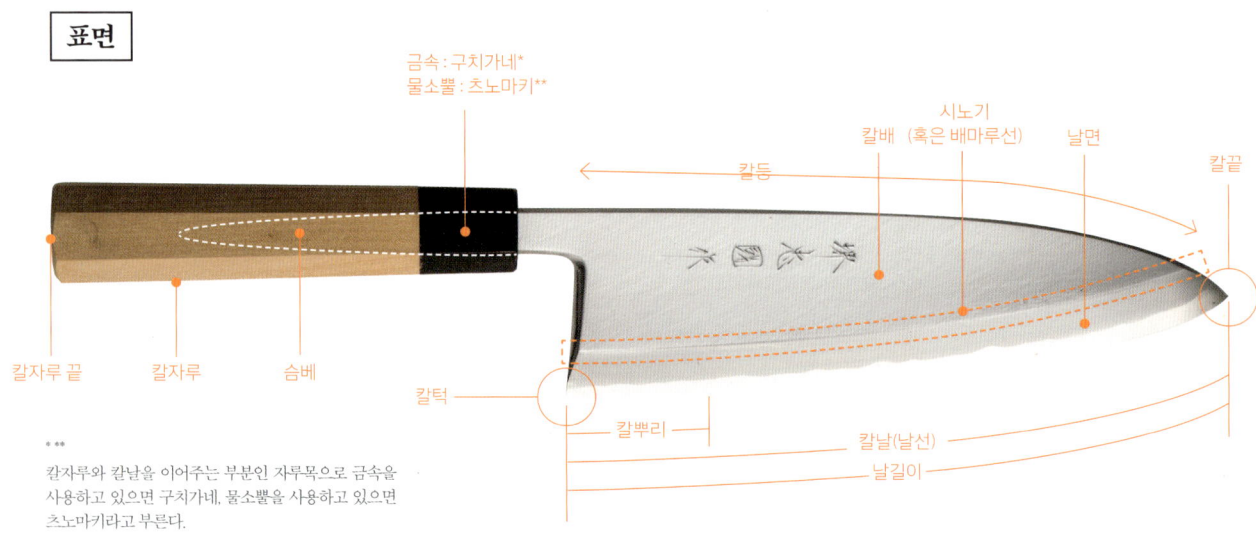

금속 : 구치가네*
물소뿔 : 츠노마키**

칼등
칼배 (혹은 배마루선)
시노기
날면
칼끝

칼자루 끝   칼자루   슴베

칼턱

칼뿌리

칼날(날선)

날길이

* **
칼자루와 칼날을 이어주는 부분인 자루목으로 금속을
사용하고 있으면 구치가네, 물소뿔을 사용하고 있으면
츠노마키라고 부른다.

◎ 칼을 갈 때는 칼등을 동전 하나가 들어갈 정도로 살짝 띄우고, 왼손가락으로
　숫돌에 갖다 댄다. 이 손가락의 아랫부분이 갈리는 것이다.
◎ 데바보초의 끝에서부터 가운데 근처까지는 칼이 곡선을 이루고 있으므로,
　가는 방법이 칼뿌리 근처와는 다르다.
◎ 외날을 가진 일본식 칼 특유의 날 기울기를 신경 쓰며 갈아야 한다. 이 기울
　기는 생선을 잘라서 벌릴 때의 날 기울기에 해당한다.

뒷면

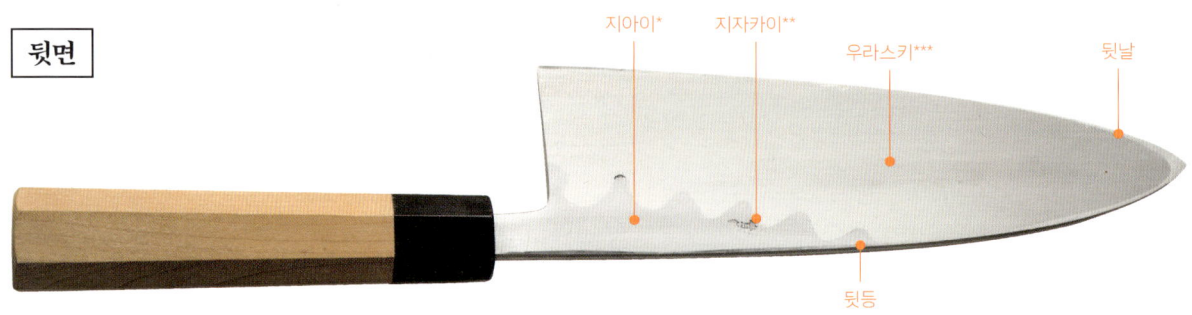

지아이*   지자카이**   우라스키***   뒷날

뒷등

* 날 뒷면에 있는 연마된 부분   ** 날 뒤에 있는 지아이와 칼 본체의 경계선   *** 칼 뒷면 중앙에 오목하게 들어간 부분

칼 가는 법

1

검지를 칼등에 대고, 중지부터 새끼손가락으로 칼자루를 쥔다. 엄지손가락은 칼의 평평한 부분에 갖다 댄다.

2

왼손 중지를 중심으로 3개의 손가락으로 칼을 숫돌(사진에서는 도미)에 눌러 댄다. 이 손가락으로 누르고 있는 부분이 갈린다.

3

숫돌(사진에서는 도미)과 칼날 사이에는 동전 하나가 들어갈 정도의 간격을 둔다.

4

45°

실제로 동전을 끼워 본 모습(사진에서는 보기 쉽게 오른손을 떼고 있음). 칼은 숫돌에 45도 각도로 댄다.

5

숫돌은 30분 정도 물에 담가서 안정된 장소에 둔다(사진의 숫돌과 같은 폭의 가늘고 긴 나무판자는 수제품). 행주 위에 올려서 미끄러지지 않게 한다.

6

정중앙에서 칼뿌리까지는 날이 직선이므로 오른손과 왼손 모두 각도를 바꾸지 않고 숫돌의 끝 쪽을 향해 곧장 밀어낸다.

7

밀어내기 끝. 숫돌의 같은 곳만 사용하면 균일하지 않게 닳기 때문에, 이따금 숫돌을 뒤집어 사용하는 등 칼이 닿는 위치를 바꾼다.

8

여러 번 반복한 뒤에, 칼에 묻은 쇳가루를 물로 씻어낸다. 왼손가락의 위치를 조금씩 칼뿌리 쪽으로 옮겨가며 가는 위치를 바꾼다.

9

칼뿌리 주위를 갈 때는 칼 잡는 법을 바꾼다. 새끼손가락에서 검지까지 구부려서 칼을 감싸 쥔다.

10

숫돌의 끝 쪽을 향해 곧게 밀어낸다.

11

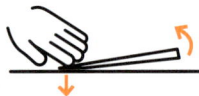
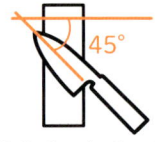

칼끝을 갈 때는 동전 한 개 높이 정도로 살짝 떠워서 칼끝을 밀어낸다(사진 3과 비교하면 이해하기 쉽다).

12

숫돌에 **6**과 같은 방법으로 45도 각도로 갖다 댄다.

13

10°~45°

안쪽을 향해서 곧게 밀어내는 것이 아니라, 45도에서 10도 정도의 각도가 되도록 숫돌의 위에서 활을 그리는 것처럼 손을 움직인다.

14

10°~45°

칼끝에서 한가운데까지는 날이 곡선이므로, 같은 방법으로 간다.

15

활을 그리듯이, 45도에서 10도 정도의 각도가 되도록 움직이며 간다.

16 마무리 숫돌로 갈기

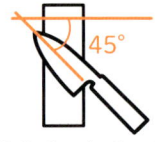

45°

이어서 더 고운 마무리 숫돌로 가는데, 기본 동작은 중간 숫돌로 갈 때와 같다. 숫돌에 45도 각도로 칼을 갖다 댄다.

17

날이 곡선인 부분은 그대로 곧장 밀어낸다.

18

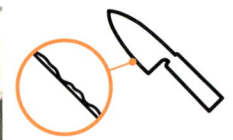

칼을 계속 갈다 보면, 갈리고 남은 부분이 '버(burr)'처럼 칼끝에 생기는데('카에리'라고 한다), 손가락으로 칼을 만져보며 확인한다.

19

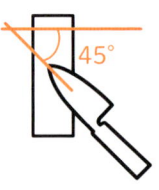

45°

칼을 뒤집어서 숫돌에 45도 각도로 갖다 댄다.

20

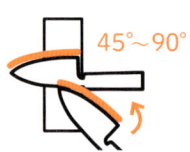

45°~90°

활을 그리듯이 칼을 90도로 돌린다. 가볍게 스치기만 해도 카에리가 제거되니 2회 정도면 충분하다.

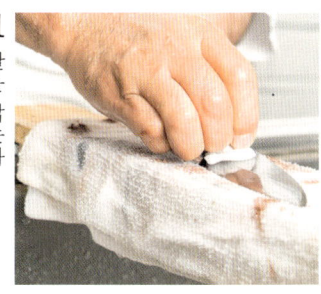

칼을 사용한 후에는 녹이
나 검게 변하는 것을 방지
하기 위해서 닦는다. 예전
에는 클렌저를 사용하였
으나 지금은 멜라민 스펀
지가 편리하다.

22

칼자루도 같은 방법으로
닦는다. 이후 물기를 잘 닦
아내고 건조시켜서 보관
한다. 장시간 사용하지 않
을 때는 얇게 기름을 발라
둔다.

편날칼의 장점

일본식 편날칼은 날면이 비스듬하게 기울어져 있
다. 이 기울기를 이용해 날면과 도마를 평행하게
유지해서 썰어 나가면 자연스러운 회뜨기가 가능
하다. 또한 칼의 뒷면은 아주 미세하게 오목한 형
태로 되어 있어서, 잘라서 분리한 재료가 칼에 달
라붙는 것을 막아준다. 따라서 마무리 숫돌로 뒷
면을 갈 때는 이 오목한 면이 사라질 때까지 여러
번 갈면 안 된다.

손가락 끝이 날면

끝의 확대도

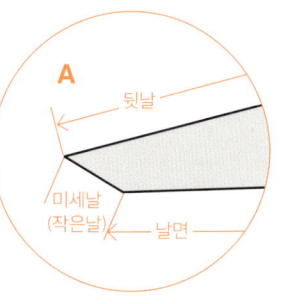

A
뒷날
미세날
(작은날)
날면

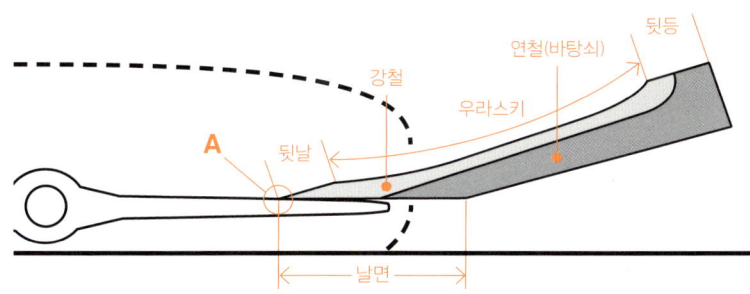

뒷등
연철(바탕쇠)
강철
우라스키
A
뒷날
날면

칼 잡는 법

1

일반적인 칼 잡는 법. 중지에서부터 새끼손가락까지 세 손가락으로 자루를 잡고, 검지를 세워서 칼등에 갖다 댄다.

2

칼턱을 사용할 때나, 힘을 주어서 자를 때에는 검지부터 새끼손가락까지 네 손가락으로 칼자루를 감싼다. 엄지손가락은 칼배에 갖다 댄다.

3

칼끝 주변으로 세밀한 작업을 할 때는 **2**와 같이 엄지를 칼배에 대고 **1**처럼 검지를 세운다.

4

칼날 전체를 사용해서 작업하는 경우에는 **1**보다 칼자루 끝부분을 쥔다.

5

반대로 칼끝 주변만 사용해서 힘을 주고 자르고 싶을 때는 **3**보다 더 깊게 칼을 잡는다. 이 방법은 가운데뼈에서 잔가시를 잘라 제거하는 등, 빨간 선으로 표시된 범위의 날을 사용하는 작업 시 유용하다.

5의 칼 잡는 방법 순서. 새끼손가락을 칼턱에 걸친다.

반대쪽에서 봤을 때의 모습. 약지와 중지는 칼배에, 검지는 칼등에 갖다 댄다.

이대로 엄지를 칼배에 갖다 대고 안정적으로 고정시킨다.

칼을 잡는 자세

1

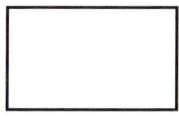

칼을 잡을 때의 자세. 우선 도마를 향해서 똑바로 선다. 참고로 칼을 갈 때도 이처럼 정면으로 향한다.

2

1의 상태에서 주로 쓰는 팔쪽의 발을 반걸음 뒤로 빼서, 도마에 45도가 되도록 방향을 잡는다.

3

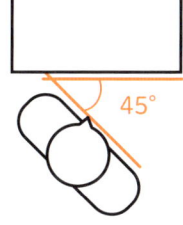

몸을 반걸음 뒤로 빼면, 주로 쓰는 팔을 뒤로 당겨도 팔꿈치가 몸에 부딪히지 않게 된다.

4

칼뿌리 주위에서 칼날 전체를 사용해 자르면 보다 예리하게 자를 수 있다. 회를 썰 때는 칼을 45도 정도로 기울여서 날을 갖다 댄다.

도마와 평행이 되도록 기울여 나간다. 이때, 칼끝이 곡선을 그리고 있다면 손목의 스냅을 더욱 효과적으로 사용할 수 있다.

오른쪽은 너무 많이 갈아서 칼끝부터 칼뿌리까지 직선이 되어버린 칼. 끝의 곡선이 없어졌기 때문에 손목의 스냅 사용이 원활하지 않다.

생선의 골격과
작업의 순서

D   E   F

G

'생선의 회를 뜬다'는 것은 생선의 뼈에서 살을 발라내는 것이다. 여기서는 도미(내장을 제거하고 대가리를 잘라서 분리한 상태)의 세 장 뜨기를 예로 들어, 골격의 사진과 비교하면서 칼이 생선의 어느 부분을 자르고 있는지 살펴본다. 살을 발라내면 척추뼈와 지느러미를 지탱하고 있는 많은 뼈는 꼬리까지 연결된 '가운데뼈'가 된다. 단, 배뼈나 살 속에 박혀있는 잔가시는 따로 잘라서 제거하거나 뼈 집게로 제거해야 한다.

여기서 수행하고 있는 것은 세 장 뜨기이지만 '양면 뜨기'라고 불리는 기법이며, 23p에서는 '한면 뜨기'로 도미를 손질하고 있다. 각각의 차이는 다음 페이지에서 일러스트로 설명하겠다.

1

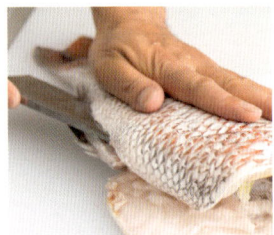

뒷지느러미 연결 부위부터 칼을 넣어서, 꼬리 쪽으로 향하여 **A**의 뼈 위를 따라 미끄러지듯이 칼집을 넣는다.

2

척추뼈에서 뻗어 나온 **B**의 뼈 위를 따라 미끄러지듯이 잘라 나간다(물살이 빠른 곳에 사는 도미의 경우, 뼈에 돌기가 있어 걸릴 수 있으니 주의한다).

3

C의 척추뼈에 닿을 때까지 잘라나간다. 척추뼈에서 위로 나 있는 **D**의 잔가시(혈합골)를 칼로 절단하면 '피 피 피' 소리가 난다.

4

대가리를 왼쪽에, 등을 앞쪽으로 돌려놓고, **E**의 등지느러미 연결 부위에 칼집을 넣는다.

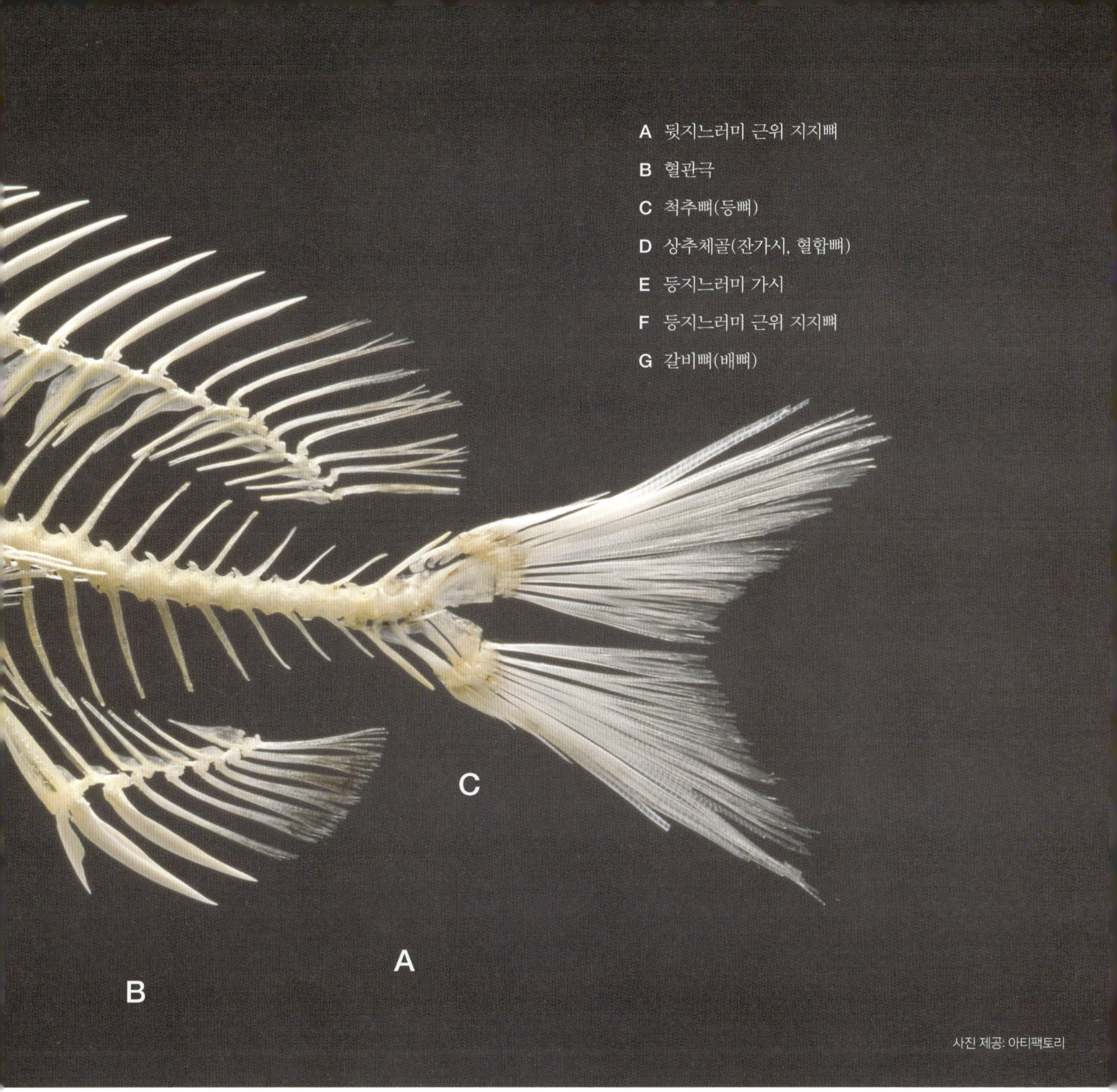
A 뒷지느러미 근위 지지뼈
B 혈관극
C 척추뼈(등뼈)
D 상추체골(잔가시, 혈합뼈)
E 등지느러미 가시
F 등지느러미 근위 지지뼈
G 갈비뼈(배뼈)
C
A
B
사진 제공: 아티팩토리

5

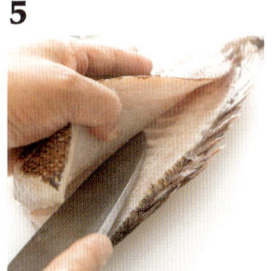

F의 뼈 위를 따라 잘라 나간다. 뼈에 걸리면 덜컥덜컥하고 소리가 나기 때문에, 미끄러지듯이 매끄럽게 자른다.

6

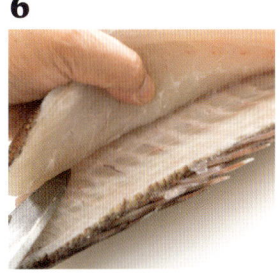

C의 척추뼈에 닿을 때까지 잘라 나간다. D의 잔가시를 절단한다.

7

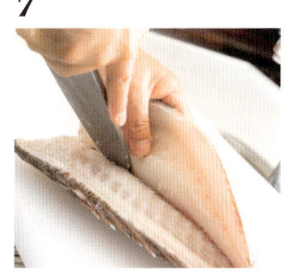

칼을 세워서 G의 배뼈 연결 부위를 절단한다. 꼬리 연결 부위를 자르면 한쪽 살이 분리된다.

8

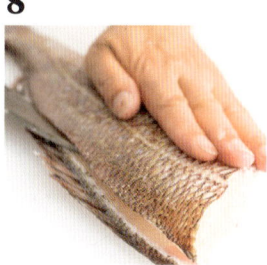

대가리를 오른쪽에, 등을 앞쪽으로 두고, 반대쪽의 한쪽 살도 등에서부터 **4~6**의 방법대로 손질한다. 왼손으로 생선을 누르면 등지느러미 쪽이 위로 들려서 칼집을 넣기가 쉬워진다.

생선 손질법의 종류

수평 방향의 칼의 움직임 ━━━━
각도를 세운 칼의 움직임 ━━━━

세 장 뜨기 (양면 뜨기)

세 장 뜨기는 머리를 제외하고 살 2장과 뼈 1장, 총 3장으로 잘라내는 가장 기본적인 회뜨기 방식으로, 양면 뜨기는 그 중 하나다. 배에서 척추뼈 방향으로 뱃살을 잘라내고, 180도 방향을 바꿔서 등살을 앞에 놓은 뒤, 다시 한번 척추뼈 쪽으로 잘라낸다. 마지막으로 척추뼈와 살의 접합부를 잘라서 분리한다(척추뼈에서 튀어나온 뼈, 이른바 '잔가시'를 절단하기 위함). 계속해서 가운데뼈가 아래로 향하게 뒤집고, 자주 생선의 방향을 바꾼다. 단, 참치 같은 대형 생선의 경우에는 살이 부스러지기 쉬워서, 한쪽 살을 발라낸 다음 뒤집지 않고 남은 살에서 가운데뼈 쪽을 발라내는 변칙적인 방법을 쓴다.

1 배 쪽에서 배지느러미 연결 부위의 가장자리에 칼을 넣어, 꼬리까지 잘라 나간다.

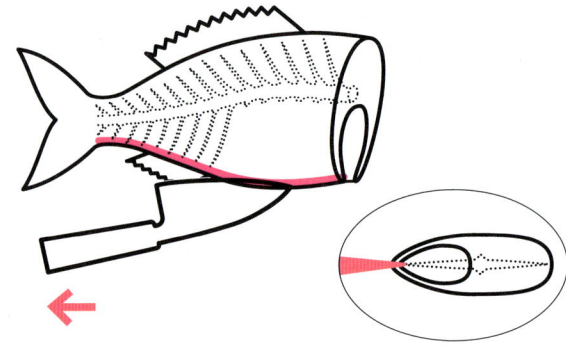

2 대가리 쪽에서 꼬리를 향해, 가운데뼈를 따라 척추뼈에 닿을 때까지 잘라 나간다.

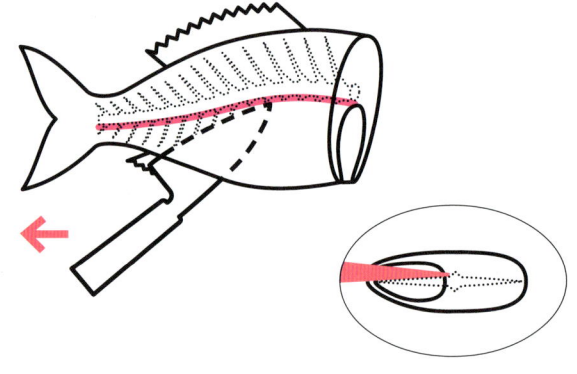

3 척추뼈가 솟은 부분에 칼을 넣는다. 척추뼈가 두꺼운 생선은 칼날을 약간 위쪽으로 기울여주는 것이 좋다.

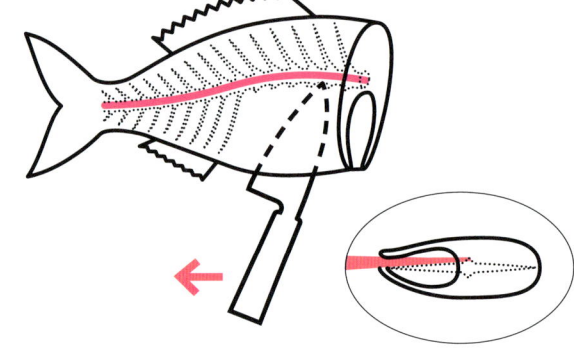

4 생선의 방향을 바꾸어, 가운데뼈를 따라 꼬리 쪽으로 **1~3**과 같은 방법으로 잘라 나간다.

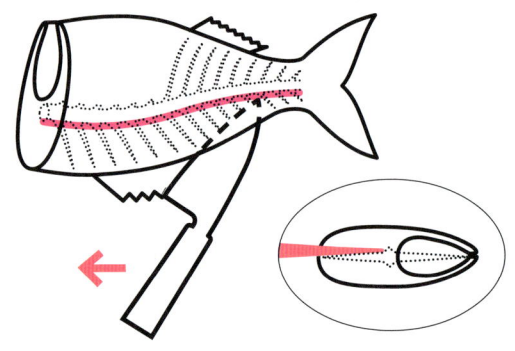

5 꼬리지느러미 연결 부위를 자르고, 꼬리 쪽에서 척추뼈 위를 따라 그리듯이 움직이며 자른다. 가운데뼈를 따라 잘라낸 살을 분리한다.

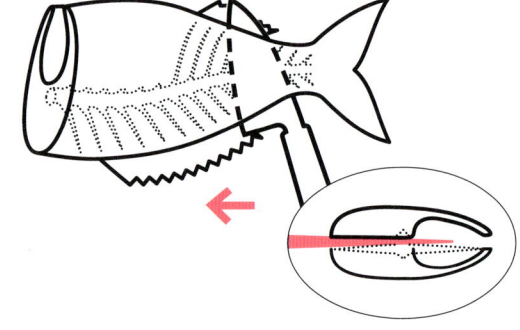

6 살을 뒤집어서, 대가리 쪽에서부터 꼬리지느러미 연결 부위의 가장자리를 따라 꼬리까지 잘라낸다.

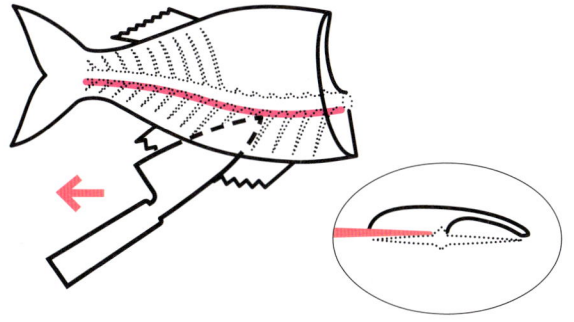

7 180도 방향을 바꿔서, 꼬리 쪽에서 척추뼈 위에 칼을 넣고 살을 잘라 분리한다.

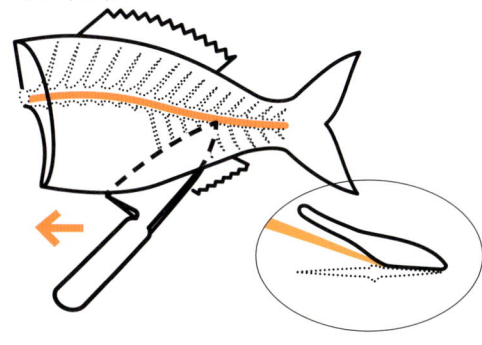

세 장 뜨기 (한면 뜨기)

같은 세 장 뜨기라도 뱃살을 손질한 뒤에 생선을 돌려놓지 않고, 칼을 척추뼈를 넘겨서 꽂아 넣어 배 쪽에서 등살을 떼어내는 방법이다. 생선의 방향을 180도 바꾸지 않아도 되므로 작업이 편하다. 살이 부스러지기 쉬운 생선이나, 척추뼈가 두껍지 않아서 칼을 꽂아 넣기 쉬운 생선이 적합하다. 이 책에서는 쥐노래미나 양태 등을 이 방법으로 손질하고 있다.

1 양면 뜨기 **1~3**까지 같은 방법으로 뱃살을 손질한다.

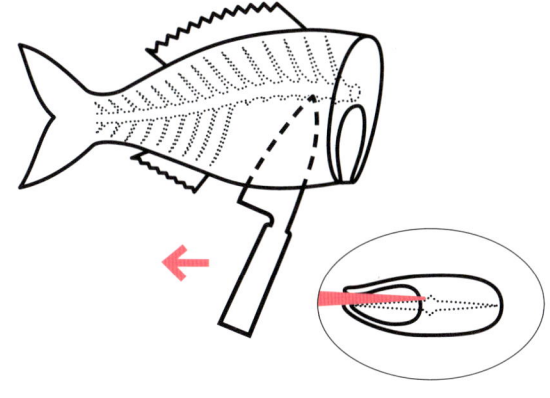

2 살의 방향을 바꾸지 않고, 칼의 각도를 세워서 그대로 척추뼈를 따라 그리듯이 움직이며 잘라 나간다.

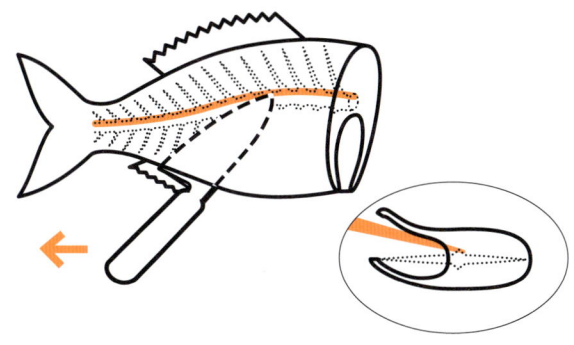

3 칼을 눕혀서, 가운데뼈를 따라 대가리 쪽에서 부드럽게 칼을 넣어 살을 손질한다. 뒷면도 같은 방법으로 반복한다.

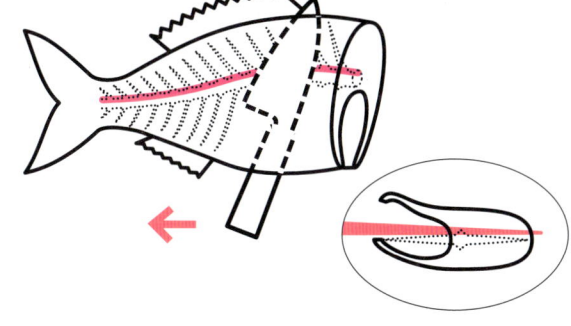

다이묘 뜨기(한 번에 포뜨기)

한면 뜨기보다 더욱 간단한 방법이다. 대가리에서 꼬리 쪽으로 한 번의 칼질을 통해 포를 뜬다. 생선의 방향을 바꾸지 않을 뿐만 아니라, 뱃살과 등살을 동시에 가운데뼈에서 발라낸다. 이때 가운데뼈에 살점이 남아 있기 쉬운데, 이러한 연유로 사치스럽다고 하여 '다이묘'*라 불린다. 길고 가는 연한 생선이나, 수율을 신경 쓰지 않아도 되는 생선에 적합하다. 이 책에서는 연어, 날치, 아귀 등에 이 손질법을 사용한다.

*중세 일본에서 각 지방을 다스리던 영주, 즉 귀족계급을 가리킨다.

다섯 장 뜨기

아주 납작한 형태의 광어나 가자미에 사용되는 방법으로, 생선의 세로로 칼집을 넣어 등살과 뱃살을 따로따로 발라낸다. 등살과 뱃살 2장씩, 그리고 가운데뼈까지 5장으로 분리하기 때문에 이런 이름으로 불린다.

1 척추뼈 바로 옆에 붙어 있는 가운데뼈에 평행으로 칼을 넣고 칼뿌리에서부터 자르기 시작한다.

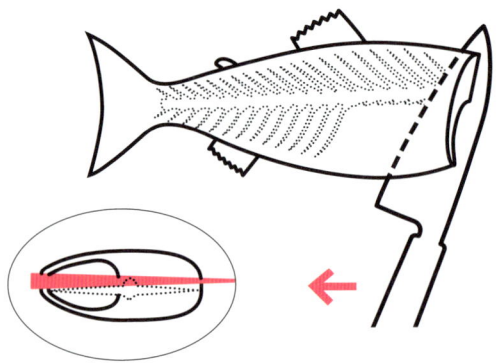

1 척추뼈 바로 옆에 붙어 있는 가운데뼈에 평행으로 칼을 넣고 칼뿌리에서부터 자르기 시작한다.

2 칼끝까지 다 사용하며, 한 번에 살을 발라낸다.

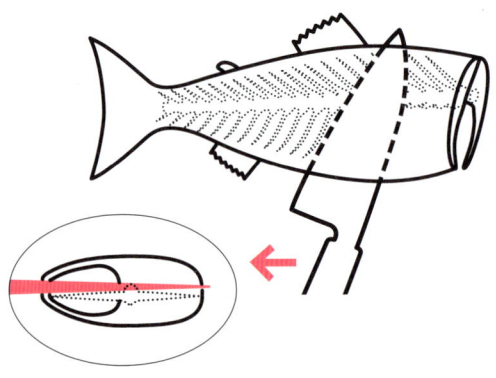

2 방향을 바꾸고, 칼을 눕혀서 가운데뼈를 따라 꼬리 쪽에서부터 부드럽게 손질해 나간다.

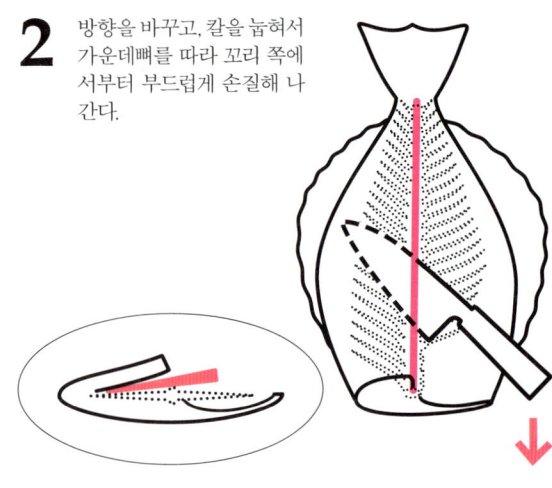

그 밖의 손질 방법

세 장 뜨기 외에도, 가운데뼈만을 제거해서 살이 이어진 상태로 손질하는 두 장 뜨기(이 책에서는 쏨뱅이)나, 잘라서 펼쳐낸 상태로 하는 한 장 뜨기(홍살치) 등의 손질 방법이 있다. 붕장어나 갯장어처럼 아주 길쭉한 생선은 두 장 뜨기로 손질하지만 장어 송곳으로 도마에 고정하기 때문에, 한 면에서 한쪽 살을 발라낸 다음 큰 생선과 마찬가지로 살에서 가운데뼈를 잘라서 분리한다.

측편형 생선

일반적인 형태의 생선이다.
그래서 바다 생선이나 등푸른생선 등
타입이 서로 다른 어종도 여기에 수록하였다.
기본은 세 장 뜨기지만, 용도에 따라서
두 장이나 한 장 뜨기 손질을 하기도 한다.

도미

손질/야마모토 마사아키

red sea bream

daurade rouge

pagro

鯛 [たい]

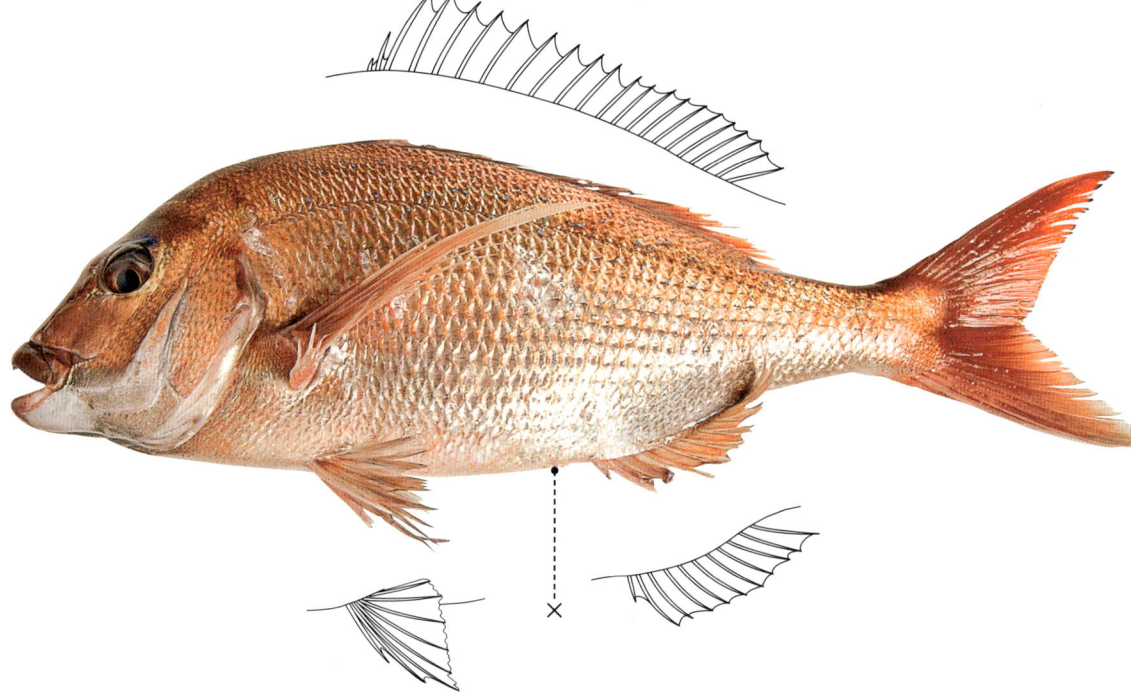

◎ 비늘은 크기와 관계없이 매우 단단하므로, 비늘치기와 칼로 남김없이 제거한다.

◎ 아가미와 입 주변에 있는 작은 비늘은 칼로 얇게 비스듬히 베어낸다.

◎ 척추뼈 아래에 있는 핏덩어리*는 조금도 남기지 않고 흐르는 물에 씻어서 제거한다.

◎ 대가리는 목살을 붙이고 자른 뒤 세로로 반 갈라서 자르거나 더 나누어서 자르는 것이 기본이다.

◎ 가운데뼈, 배뼈 등을 제거해서 손질한 순살을 등살과 뱃살로 나눌 때는 등살을 크게 떼어내듯이 잘라 나눈다.

*내장을 들어냈을 때 척추뼈에 붙은 핏덩어리를 볼 수 있는데, 이는 보통 생선의 신장이다.

출판한 생선 | 도미

한면 뜨기

1 비늘을 벗긴다

대가리는 왼쪽, 배는 앞쪽으로 두고, 왼손으로 눈과 코 사이를 눌러서 꼬리에서 대가리 방향으로 비늘치기를 이용하여 큰 비늘을 긁어낸다.

6

아가미덮개 아래 가장자리 비늘도 왼손으로 아가미덮개를 들어 올리며 비스듬히 잘라낸다.

2

데바보초로 바꿔서 칼끝을 이용해 조금씩 움직여가며 등지느러미 주위에 있는 잔 비늘을 긁어낸다.

7 아가미와 내장을 떼어낸다

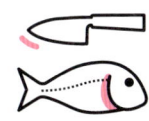

비늘을 한번 씻어낸 후, 대가리를 오른쪽, 배를 앞쪽으로 향하게 두고 왼손으로 아가미덮개를 열어서 칼끝으로 아가미를 위에서 아래로 잘라서 분리한다.

3

칼뿌리를 사용할 때에는 지느러미에 손이 찔리지 않도록 칼을 잡은 손을 칼자루 끝 쪽으로 옮겨 잡고 긁어낸다.

8

턱 아래를 칼로 깊게 자르고, 연결 부위를 분리한다. 분리하는 편이 개구부에서 내장을 꺼내기 쉽다.

4

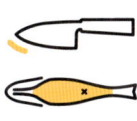

배를 위로 향하게 두고, 배지느러미 아래의 비늘도 깨끗하게 긁어낸다.

9

턱 아래의 칼집에서부터 배의 가운데를 항문까지 곧게 가른다.

5

볼과 입술 주위에 있는 잔 비늘은 칼로 긁어서 제거해도 떨어지지 않기 때문에 칼로 얇게 비스듬히 베어낸다.

10

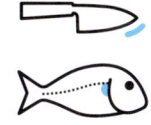

한 손으로 배를 살짝 벌린 다음, 내장을 받치고 있는 힘줄을 칼끝이 위를 향하도록 돌려 잡은 칼로 잘라서 떼어낸다.

11

손으로 아가미와 내장을 함께 잡고 꼬리 쪽으로 세게 당겨 배에서 분리해 꺼낸다.

12

물로 씻어낸다

척추뼈 아래에 있는 부레와 핏덩어리를 덮고 있는 막에 칼끝으로 칼집을 넣는다. 칼로 살을 찌르지 않도록 주의한다.

13

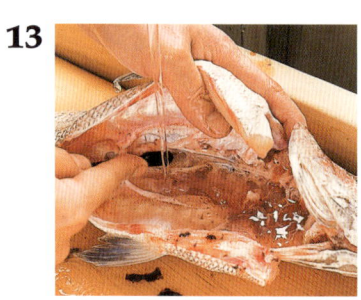
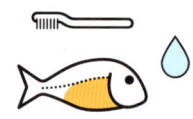

내장을 꺼내서 제거한 후 흐르는 물로 척추뼈 아래를 세척솔로 문질러서 핏덩어리와 불순물을 씻어낸다. 세척솔은 사사라보다 살을 덜 상하게 한다.

14

행주로 배 속에 남은 피를 깨끗하게 닦아낸다.

15

대가리를 잘라내기 전에, 다시 한번 데바보초를 세워서 표면을 가볍게 긁어내며, 비늘이 벗겨지지 않은 곳이 있는지 재확인한다.

16

잘라낸다 목살 아래의 대가리를

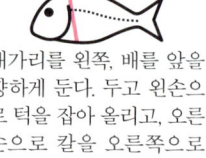

대가리를 왼쪽, 배를 앞을 향하게 둔다. 두고 왼손으로 턱을 잡아 올리고, 오른손으로 칼을 오른쪽으로 비스듬히 목살 아래로 넣어서 척추뼈까지 자른다.

17

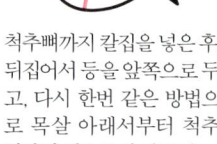

척추뼈까지 칼집을 넣은 후, 뒤집어서 등을 앞쪽으로 두고, 다시 한번 같은 방법으로 목살 아래서부터 척추뼈까지 비스듬히 자른다.

18

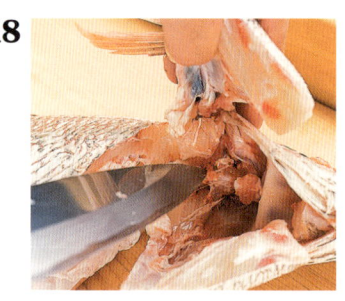
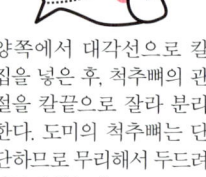

양쪽에서 대각선으로 칼집을 넣은 후, 척추뼈의 관절을 칼끝으로 잘라 분리한다. 도미의 척추뼈는 단단하므로 무리해서 두드려 자르지 않는다.

19

반대로 돌려서 놓고, 대가리 연결 부위의 껍질을 잘라 대가리를 떼어낸다. 대가리도 살도 똑같이 중요한 부위이기 때문에 자른 단면은 반드시 깨끗하게 해둔다.

20

세장 뜨기를 한다

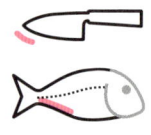

꼬리를 왼쪽, 배를 앞쪽으로 향하게 두고, 꼬리지느러미 위를 따라 꼬리 연결 부위까지 칼집을 넣는다.

21

다시 한번 가운데뼈를 따라 척추뼈까지 잘라낸다. 살을 뒤집어서 잡으면 살이 부스러지기 때문에 왼손으로 조심스레 잡는다.

22

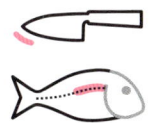

왼손으로 위쪽 살의 한쪽 면을 들어 올리고, 척추뼈와 배뼈의 연결 부위에 칼끝을 대고 힘을 주어 잘라낸다.

23

그 상태 그대로 등 쪽까지 가운데뼈의 위를 잘라 나간다. 한면 뜨기 방법으로 한쪽 살을 잘라 분리한다.

24

한쪽 살로 잘라낸 쪽을 아래로 하여 등을 앞에 두고, 등지느러미 위를 따라 칼끝을 넣어서 가운데뼈 위를 잘라 나간다.

25

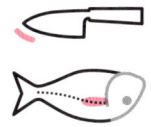

잘라 펼친 살을 왼손으로 들어 올리면서 척추뼈까지 칼끝으로 잘라가며 배뼈 연결 부위도 잘라낸다.

26

꼬리를 잡고 180도 돌려서 배를 앞쪽으로 향하게 두고, 뒷지느러미를 따라 칼끝을 넣어 가운데뼈 위로 잘라 나간다.

27

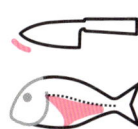

잘라서 펼친 살을 왼손으로 들어 올리면서 칼끝을 크게 사용하며 가운데뼈 위를 척추까지 잘라 나간다.

28

데바보초의 칼끝이 위로 향하게 돌려서 잡고 몸과 가운데뼈 사이에 꽂은 다음, 꼬리 끝까지 잘라내고, 다른 한쪽 살도 잘라낸다.

29 배뼈를 떼어낸다

잘라낸 한쪽 살을 껍질을 아래로 가게 두고 왼손을 배뼈 위에 대어가며 칼끝을 위로 하여 배뼈 연결 부위에 칼집을 넣는다.

30

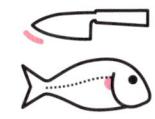

칼을 고쳐 잡고, 칼집을 따라 칼 전체를 사용하듯이 배뼈를 칼을 비스듬히 눕혀서 저미듯이 자르고, 마지막으로 칼을 세워서 잘라낸다.

대가리 손질하기

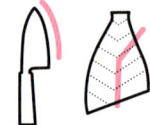
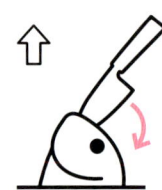
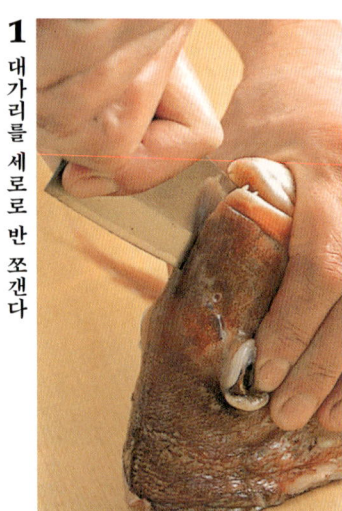

1 대가리를 세로로 반 쪼갠다

입을 위로, 눈을 앞쪽으로 오도록 대가리를 두고 왼손으로 눈 근처를 꽉 눌러서 데바보초를 입의 한가운데 세로로 꽂아 넣은 다음, 칼끝을 지점으로 삼아 칼을 눌러 내리며 대가리를 반으로 쪼갠다.

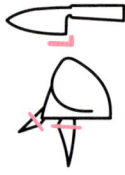

2

가슴지느러미와 배지느러미를 짧게 잘라서 정리한다.

3 대가리의 한쪽 살을 잘라서 나눈다

세로로 반 가른 대가리의 표면이 위로 가게 두고, 콧등과 직각이 되도록 눈 밑에 칼집을 넣는다.

4

대가리를 뒤집어서 아가미 덮개 연결 부위에 칼집을 넣고, 목살을 잘라낸다.

---

31 등살과 뱃살로 나눈다

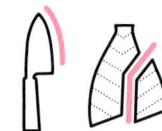

배뼈를 제거한 손질된 살을 껍질을 아래로 가게 두고, 잔가시(혈함뼈)를 뱃살에 붙여서 손질한다.

32

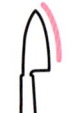
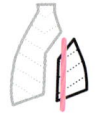

등살도 같은 간격을 유지해 가면서, 등의 능선과 거의 평행하게 칼을 넣어서 등살과 뱃살로 나눈다.

33 잔가시를 제거한다

뱃살을 세로로 두고, 가능한 뼈에 살이 남아 있지 않도록 하며 잔가시를 제거한다.

34

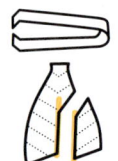

남은 잔가시를 손가락 안쪽으로 더듬어서 찾아가며, 뼈 집게로 하나도 남김없이 제거한다.

5

눈이 붙어 있는 부분은 **3**에서 넣은 절단면의 끝과 교차하는 것처럼 눈 밑을 칼뿌리로 두들겨서 두 개로 나눈다.

6

잘라서 분리한 눈 부분을 위로 가게 돌려놓고, 눈의 뒤쪽에 칼뿌리를 세워서 놓은 다음 칼등에 손바닥을 맞부딪히며 잘라낸다.

7

살이 붙어 있지 않은 아가미덮개를 칼뿌리를 사용해서 입에서 잘라낸다.

8

목살 부분을 가슴지느러미와 배지느러미 두 개로 잘라 나눈다. 작은 대가리의 경우에는 자르지 않고 사용한다.

9

여섯 조각으로 자른 도미의 대가리. 이 중 아가미덮개 부분(사진 중앙)은 살이 붙어 있지 않으므로 사용하지 않는다.

옥돔

손질/야마모토 마사아키

🇬🇧 **tilefish**

🇫🇷 **dorade amadaï**

🇯🇵 **甘鯛** [あまだい]

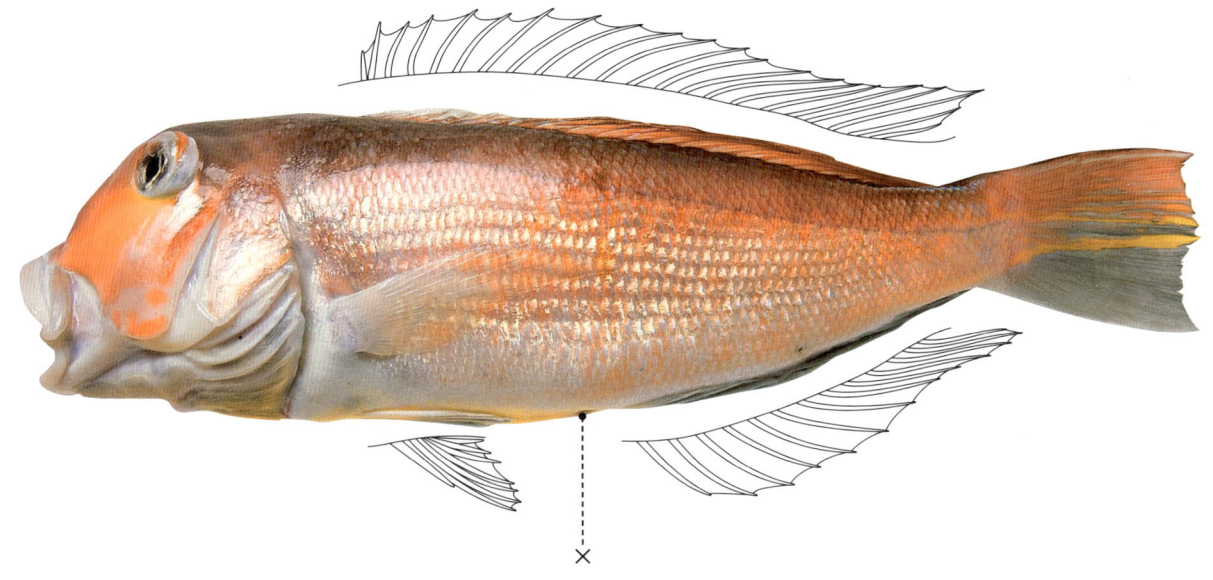

◎ 바라비키*를 할 때는 살이 쉽게 으스러지기 때문에 비늘치기를 거칠게 다루지 않는다.

◎ 바라비키를 할 때는 등에 비늘이 몇 장 남을 수도 있으니 뼈 집게를 사용해서 뽑는다.

◎ 대가리를 쪼갤 때는 날이 없는 쪽으로 칼이 쏠리므로 의식하며 칼날을 반대쪽으로 향하게 한다.

◎ 스키비키**를 할 때는 비늘과 껍질 사이에 칼날을 넣고 비늘을 크게 벗겨내듯이 제거한다.

◎ 아가미 주변은 비늘이 작으므로 그 부분을 떼워 올리듯이 잡고 스키비키를 한다.

* 생선 비늘을 비늘치기 도구를 사용해 긁어서 제거하는 방법
** 비늘과 껍질 사이로 야나기바보초를 넣어 비늘을 도려내는 방법

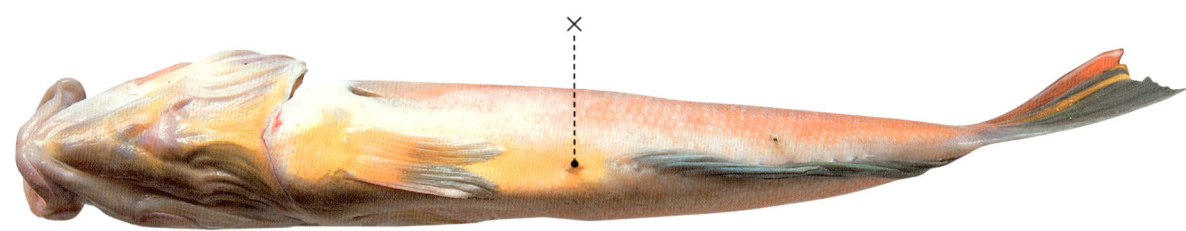

등을 쪼개서 세 장 뜨기

1 물로 씻어낸다

옥돔은 신선한 것일수록 표면에 점액질이 있기 때문에 흐르는 물에 담가서 솔로 가볍게 문지르고 깨끗하게 씻어낸다.

2

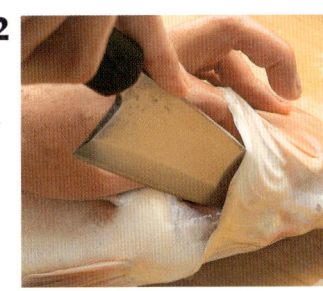 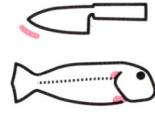

행주로 물기를 닦은 다음 왼손으로 아가미덮개를 열고, 데바보초의 칼끝을 꽂아 넣어 아가미 위아래의 연결 부위를 잘라낸다.

3

 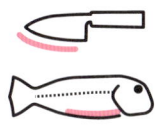

아가미 아래쪽 연결 부위를 자른 후, 칼날을 뒤집어서 배의 가운데를 꼬리 쪽으로 곧게 가르고 아가미와 내장을 꺼낸다.

4

 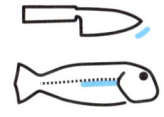

배를 살짝 벌리고 칼날이 위를 향하도록 돌려 잡고서 척추뼈 아래에 있는 부레의 막을 아래에서 위를 향해 한 번에 자른다.

5

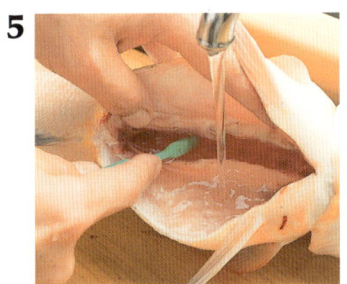 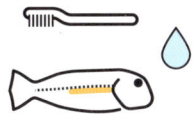

흐르는 물에 담가서 척추뼈 아래에 있는 핏덩어리를 세척솔로 문질러서 씻어낸다. 세척솔은 사사라보다 살을 덜 상하게 한다.

6

 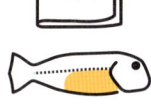

핏덩어리를 깨끗하게 씻어낸 후 행주를 사용해 뱃속에 남은 물기를 깨끗하게 닦아낸다.

7 등을 쪼갠다

 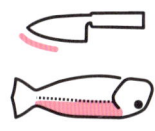

대가리를 오른쪽, 등을 앞쪽으로 향하게 두고 대가리 연결 부위의 위에서 등지느러미를 따라 꼬리지느러미 앞쪽까지 칼집을 넣는다.

8

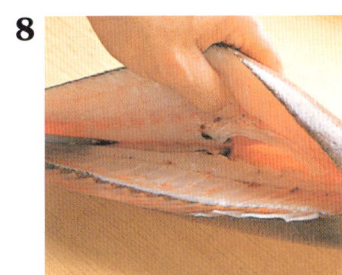 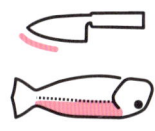

가운데뼈에 살이 남지 않도록 척추뼈에 닿을 때까지 칼끝을 사용해서 갈라 내고, 배뼈 연결 부위를 척추뼈에서 잘라서 분리한다.

9

 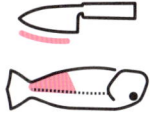

배뼈 연결 부위를 잘라서 분리한 다음, 칼끝을 배 쪽으로 밀어내며 그대로 꼬리까지 잘라서 분리한다.

10

 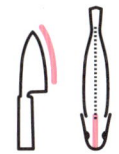

대가리를 앞쪽으로 두고, 대가리 가운데를 세로로 쪼갠다. 오른손잡이용 편날칼은 날이 왼쪽으로 쏠리므로 주의해서 손질한다.

11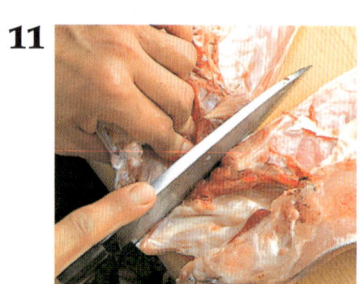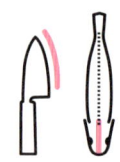

입 근처까지 잘라낸 후 손으로 대가리를 좌우로 잡아 벌린 채 아래턱을 잘라내면 대가리를 붙인 상태에서 두 장으로 분리된다.

16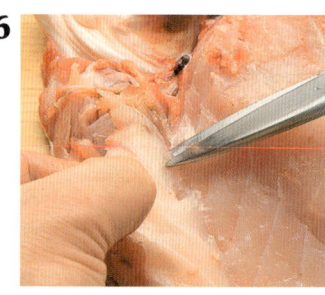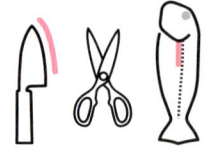

15의 칼집에서부터 칼로 배뼈를 잘라낸다. 중간에 칼이 걸리는 부분은 가위로 자른 다음 제거한다.

12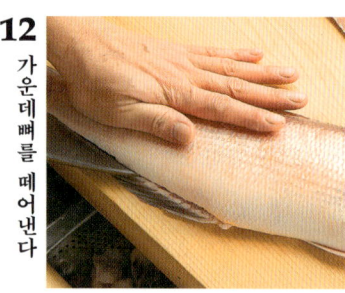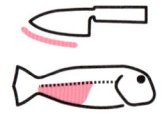

가운데뼈를 떼어낸다

척추뼈와 뒷지느러미가 붙어 있는 쪽의 살을 껍질이 위로, 배가 앞쪽으로 오게 두고, 뒷지느러미 위의 연결 부위에서부터 칼집을 넣어서 뱃살을 발라낸다.

17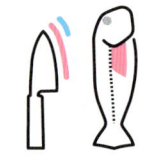

다른 한쪽 살도 같은 방법으로 배뼈를 잘라낸다. 살에 남아 있는 뼈는 뼈 집게로 뽑는다.

13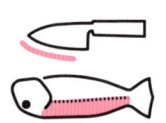

대가리를 왼쪽, 등을 앞쪽에 둔다. 등지느러미의 연결 부위에서부터 등살을 잘라가며, 칼을 세워서 가운데뼈와 척추뼈를 대가리 연결 부위에서 잘라서 분리한다.

18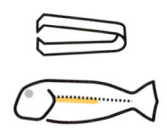

잔가시를 제거한다 뼈 집게로

살의 중심선에 있는 잔가시를 뼈 집게로 뽑는다. 왼손가락을 뼈의 바로 옆에 갖다 대어 최대한 살이 으스러지지 않도록 한다.

14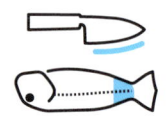

칼끝이 위를 향하게 돌려서 살과 척추뼈 사이에 눕혀서 넣고, 살과 꼬리 부분을 잘라낸 뒤, 가운데뼈를 제거하여 세 장 뜨기를 한다.

19

등을 갈라서 배뼈를 제거한 상태의 옥돔의 한쪽 살.

15

가운데뼈를 발라낸 한쪽 살. 왼손을 배뼈의 끝에 대고 배뼈 연결 부위를 따라 칼을 세워서 칼집을 넣는다.

바라비키해서
세 장 뜨기

20

소금을 친다

세 장 뜨기를 한 옥돔은 껍질이 위로 가게 해서 등을 맞대어 놓고 소금을 뿌린다. 살이 얇은 배 쪽에 손을 살짝 올려 소금의 양을 적게 한다.

21

이어서 살을 위로 가게 해서 등을 맞대어 놓고 소금을 뿌린다. 여기에서도 껍질 쪽과 동일하게 바깥으로 향한 배 쪽에는 손을 대어 소금의 양을 조절한다.

22

트레이에 종이타월을 깔고 그 위에 옥돔을 살이 위로 가도록 놓은 다음, 종이타월과 랩으로 덮어서 냉장고에 넣는다.

1 비늘은 비늘치기로 제거한다

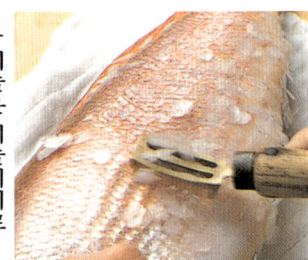

표면의 점액질을 씻어내고, 비늘치기를 꼬리에서 대가리 쪽으로 비스듬히 앞쪽으로 움직여가며, 먼저 큰 비늘을 제거한다.

2

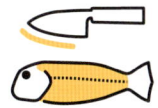

데바보초의 날을 세워서 지느러미 주위의 작은 비늘을 제거한다. 등지느러미 부근은 칼끝을, 배지느러미나 뒷지느러미 주변은 칼뿌리를 사용한다.

3

물로 씻어 비늘을 씻어낸다. 등 아래의 측선을 따라 있는 비늘 몇 장은 비늘치기나 칼만으로는 제거되지 않고 남아 있다.

4

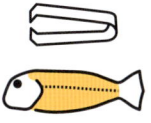

남은 비늘은 뼈 집게를 사용해 껍질이 상하지 않도록 주의하며 한 장씩 정성껏 뽑아낸다.

5

눈 아래 있는 볼과 입 주변의 비늘은 작아서, 칼끝을 눕혀서 깎듯이 긁어낸다.

6

목살 아래에서 대가리를 잘라낸다

배를 갈라 내장을 제거하고 물로 씻어 물기를 닦은 후, 대가리에 목살을 붙인 채로 비스듬히 칼날을 넣어 사선으로 자른다.

7

척추뼈까지 칼집을 넣고, 반대쪽에서도 같은 방법으로 자른다. 칼을 세워서 척추뼈의 관절을 눌러 끊듯이 대가리를 잘라낸다.

8

세장뜨기 한다

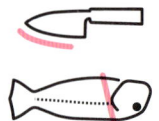

왼손으로 배를 살짝 벌려서 칼끝으로 위쪽 살과 배뼈 연결 부위를 끊어서 자르고, 꼬리를 향해서 뱃살을 자르며 나아간다.

9

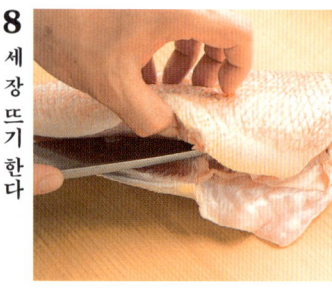

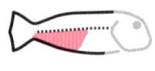

꼬리를 잡아서 뒤집는다. 데 바보초의 날을 등지느러미 위를 따라서 움직이며 칼끝을 크게 사용해서 등살을 자르며 나아간다.

10

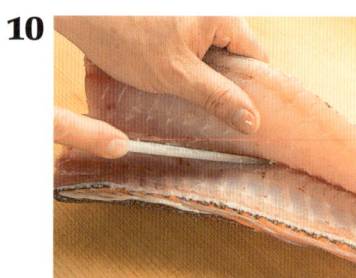
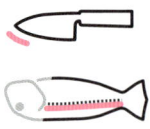

칼을 다루기 쉽도록 왼손으로 위쪽 살을 들어서 올린다. 살을 너무 젖히면 살이 부스러지니 주의한다.

11

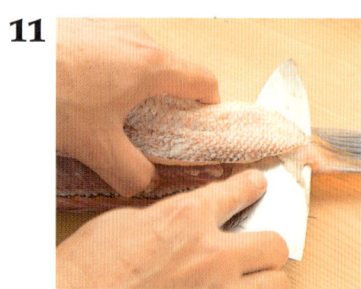

양면에서 발라낸 꼬리 연결 부위에 칼끝을 위로 향하게 잡고 눕혀서 넣는다. 그대로 꼬리 끝을 잘라서 한쪽 살을 발라낸다.

12

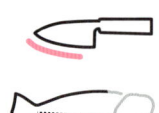

이미 손질한 면을 아래로 가게 두고, 등지느러미 위에서 칼집을 넣어 계속해서 가운데뼈를 따라 척추뼈에 닿을 때까지 잘라낸다.

13

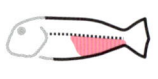

반대로 뒤집어 뒷지느러미 위에서부터 칼집을 넣고, 가운데뼈를 따라 척주뼈까지 조심스레 잘라 나간다.

14

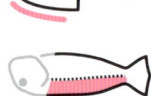
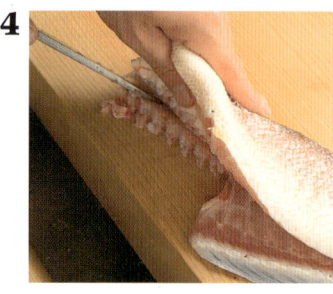

배뼈 부근까지 잘라낸 후, 칼날을 세워서 배뼈와 척추뼈 연결 부위를 약간 힘을 주어서 잘라 분리한다.

15

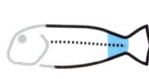

칼끝이 위로 가게 잡고 날을 눕혀서 꼬리의 연결 부위에 꽂아 넣은 후, 그대로 꼬리의 끝을 향해서 잘라 나머지 쪽 살도 발라낸다.

16

배뼈를 떼어낸다

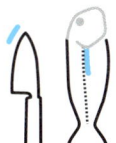

껍질 면을 아래, 꼬리를 앞쪽으로 두고, 왼손을 배뼈 아래에 살짝 댄다. 칼을 세워 잡고 칼날로 깊게 잘라서 배뼈와 잔가시를 잘라서 분리한다.

17

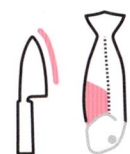

꼬리를 위쪽으로 두고, 칼날을 눕혀서 배뼈의 칼집에서 얇게 비스듬히 베어낸다. 마지막에 칼을 세워 배 껍질을 잘라낸다.

18

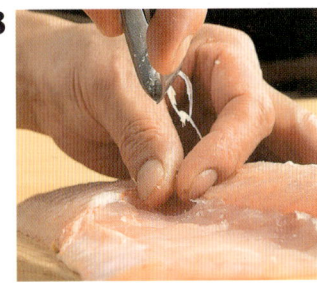

뼈 집게를 사용하여 잔가시를 뽑는다. 왼손을 뼈의 바로 옆에 갖다 대어 살이 부스러지지 않도록 주의한다.

19

소금을 뿌린다

껍질과 몸의 양면에 소금을 뿌린다. 살이 얇은 배 쪽은 왼손으로 덮어 소금이 직접 닿지 않도록 한다.

스키비키해서 세 장 뜨기

1 비늘을 스키비키한다

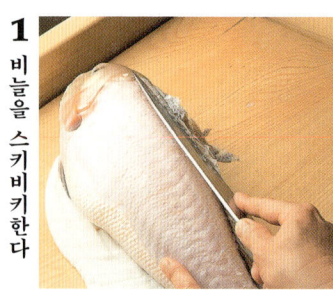

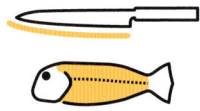

야나기바보초를 눕힌 채로 칼날을 앞뒤로 크게 움직여서 비늘과 껍질 사이를 자른다. 등지느러미의 가장자리는 등을 세우면 스키비키하기 쉽다.

2

배 아랫부분을 스키비키할 때는 살을 세워서 배를 일으켜 세우듯이 하면 작업하기 쉽다. 칼만으로도 비늘을 깨끗하게 벗길 수 있다.

3 손질된 순살을 등살과 뱃살로 나눈다

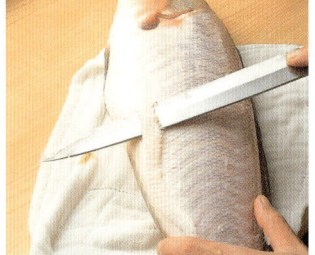

대가리를 제거하고 세 장 뜨기하여 배뼈가 제거된 순살로 만든다. 이후 등의 능선과 수평하게 잘라내며 등살과 뱃살로 나눈다.

4

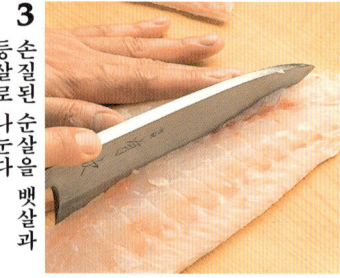

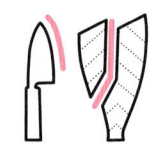

잔가시는 등살 또는 뱃살 어느 한쪽으로 남겨두었다가 뱃살과 등살로 나눈 다음에 혈합육 부분과 함께 깨끗하게 제거한다.

5 소금을 뿌린다

등살과 뱃살을 껍질이 붙어 있는 면이 위로 가도록 나란히 놓고 소금을 뿌린다. 살이 얇은 부분은 손을 대어 소금이 직접 닿지 않도록 한다.

6

소금이 닿은 껍질 쪽이 아래로 가도록 트레이에 놓는다. 이때 얇은 배 부분은 두 겹으로 접어둔다.

7

다 올려놓은 후에 위에 있는 살에도 소금을 뿌린다. 두 겹으로 접은 배 부분에는 거의 소금을 뿌리지 않는다. 키친타월과 랩으로 덮어서 냉장고에 넣는다.

대가리 손질하기

1
대가리를 세로로 반 쪼갠다

대가리는 입을 위로, 눈을 앞쪽으로 오도록 두고, 왼손으로 눈 근처를 꽉 눌러서 데바보초를 입에 세로로 꽂듯이 넣는다.

2

칼끝을 지점으로 삼아 칼을 세워서 아래로 눌러 내리며 대가리를 반으로 쪼갠다. 이때 칼날이 왼쪽으로 쏠리지 않도록 주의한다.

3

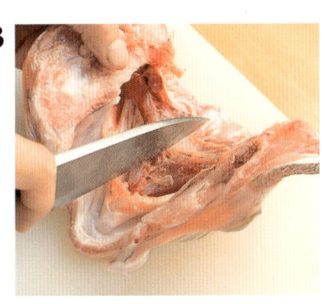

절개한 대가리를 양쪽으로 벌려서 아래턱 중앙에 칼을 대고 누르며 잘라 대가리를 두 쪽으로 나눈다.

4
대가리의 한쪽 살을 잘라서 나눈다

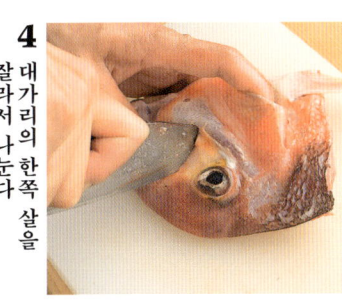

세로로 반 가른 대가리의 표면이 위로 가게 두고, 콧등과 직각이 되도록 눈 밑에 칼집을 넣는다.

5

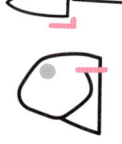

대가리를 뒤집어서 아가미덮개 연결 부위에 칼집을 넣고, 눈 부분과 턱 부분을 잘라서 나눈다.

6

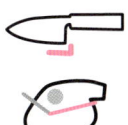

4의 절단면의 끝과 교차하는 것처럼 눈 아래를 자르고, 눈 부분을 잘라서 분리한다.

7

분리한 눈 부분을 앞으로 오도록 뒤집어서 눈 뒤쪽에 칼을 대고 두 쪽으로 잘라 나눈다. 목살을 붙여서 사용하지 않는 경우에는 자르지 않아도 된다.

8

살이 거의 붙어 있지 않은 아가미덮개는 칼뿌리를 사용해서 자른다.

9

잘라서 분리한 옥돔의 대가리. 여기서는 네 쪽 쪼개기를 했지만, 대가리의 크기나 용도에 따라 다섯 쪽 또는 여섯 쪽으로 잘라 나눈다.

농어

손질/히라이 카즈미츠

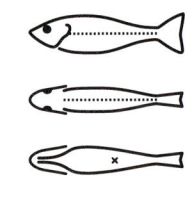
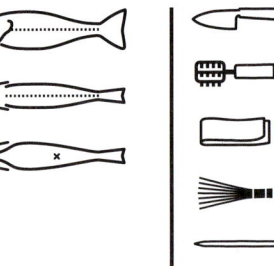

sea-bass

bar/loup

spigola

[ふっこ]

◎ 아가미덮개는 얇고 날카로우므로 손을 다치지 않도록 주의한다.

◎ 세 장 뜨기를 할 때는 생선이 가늘고 길기 때문에 큰 데바보초로 칼날을 크게 사용한다.

◎ 한쪽 살을 발라낼 때는 꼬리에서 중간까지 칼로 자른 뒤 나머지는 손으로 중간뼈에서 살을 떼어내면 깨끗하게 분리할 수 있다.

◎ 통으로 썰 때는 등지느러미와 뒷지느러미를 제거한 후 썰어낸다.

손질한 생선 | 농어

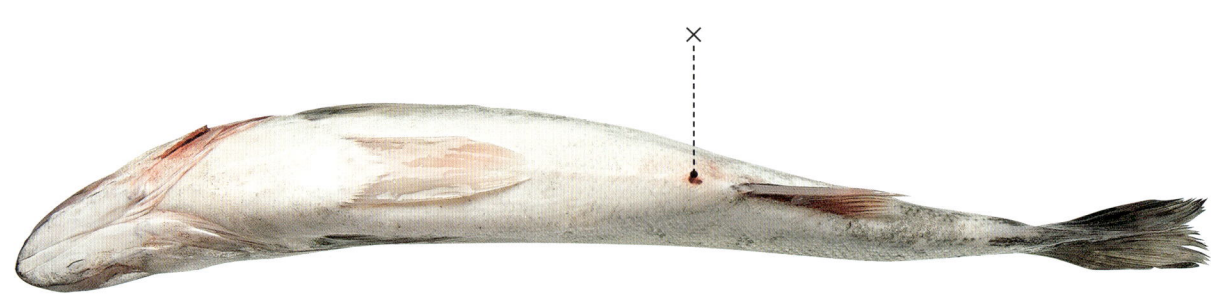

36

양면 뜨기

1

비늘은 비늘치기로 제거한다

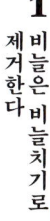

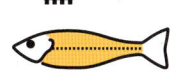

꼬리를 오른쪽, 배를 앞쪽으로 둔다. 왼손으로 대가리를 누르고, 비늘치기를 꼬리에서부터 대가리 쪽으로 움직여가며, 먼저 큰 비늘을 제거한다.

2

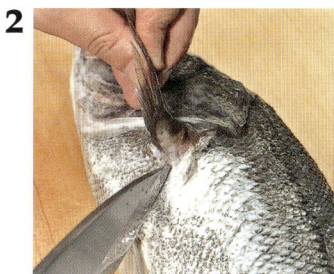

지느러미 주위의 작은 비늘을 데바보초의 칼끝으로 조금씩 움직여가며 제거한다.

3

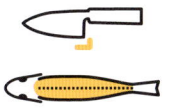

등지느러미 근처는 왼손으로 생선을 세워서 칼자루 끝부분을 잡고 칼뿌리를 사용하면 작업하기 쉽다. 같은 방법으로 뒷면의 비늘도 제거하고 물로 씻어낸다.

4

아가미와 내장을 떼어낸다

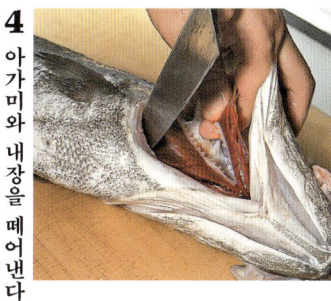

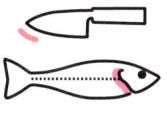

꼬리를 왼쪽, 배를 앞쪽으로 두고, 아가미덮개를 비틀어 열어서 왼손으로 아가미를 잡은 후 칼끝을 찔러넣어 아가미 연결 부위와 주위의 얇은 막을 잘라서 분리한다.

5

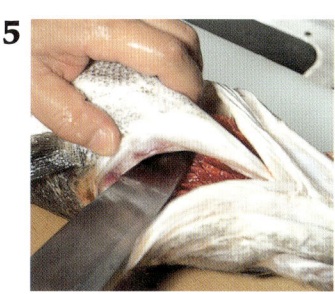

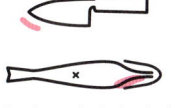

배가 위로 향하게 뒤집어 잡고, 아가미덮개를 비틀어 열어서 칼끝을 찔러넣은 뒤 아가미 연결 부위와 주위의 얇은 막을 잘라서 분리한다.

6

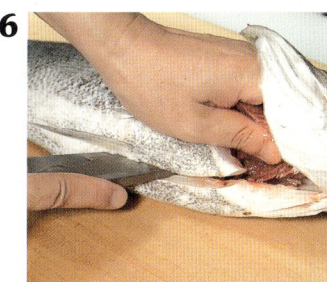

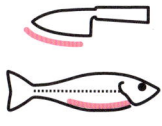

다시 꼬리를 왼쪽, 배를 앞쪽으로 향하게 두고 대가리 연결 부위에서부터 꼬리 방향으로 배를 곧게 가르며 항문까지 가른다.

7

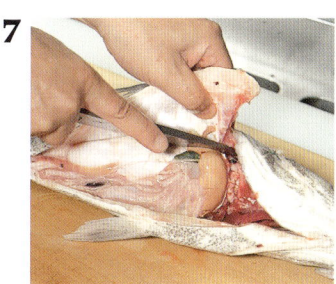

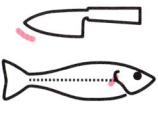

왼손으로 배를 살짝 벌려서 내장을 지탱하고 있는 힘줄을 잘라서 분리한다. 농어의 힘줄은 질기기 때문에 잘라내는 편이 작업하기 쉽다.

8

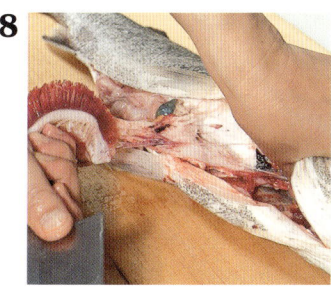

칼자루를 단단하게 잡고 아가미를 걸어서 힘을 주어 잡아당긴다. 아가미와 내장이 붙어 있는 상태로 함께 제거한다.

9

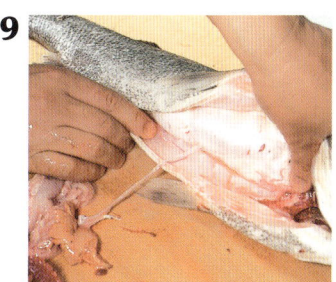

농어의 내장은 가늘고 길기 때문에 중간부터는 손으로 꺼낸다.

10

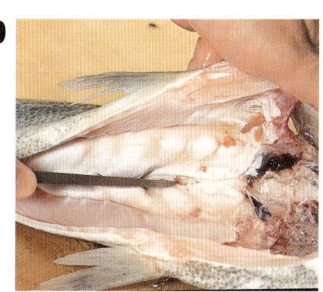

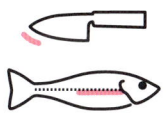

왼손으로 배를 벌리고, 부레와 핏덩어리를 덮고 있는 막에 칼끝을 넣어서 부레를 제거한다.

11

물로 씻어낸다

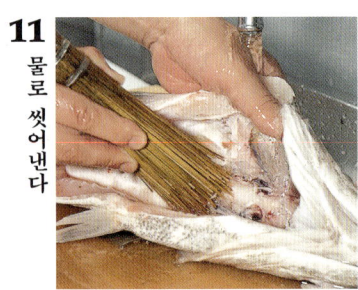 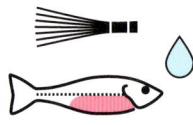

사사라를 사용해서, 핏덩어리나 내장 찌꺼기 등을 씻어낸다.

12

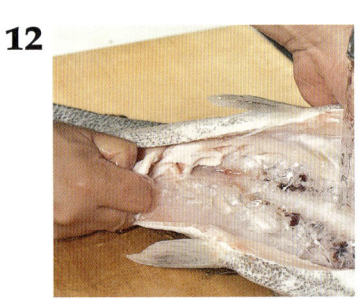

부레를 덮고 있는 막은 단단하고 질겨서 제거하기가 쉽지 않다. 사사라로 제거되지 않는다면 손으로 깨끗하게 벗겨내어 씻어낸다.

13

대가리를 잘라낸다

 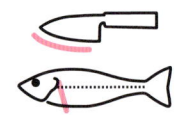

뱃속의 물기를 닦은 다음, 꼬리를 오른쪽, 배를 앞쪽으로 두고, 가슴지느러미와 배지느러미 연결 부위에서부터 칼날을 비스듬히 대어서 수직으로 잘라 넣는다.

14

반대쪽도 마찬가지로, 등이 앞쪽으로 오도록 뒤집어서 가슴지느러미와 배지느러미 연결 부위에서 비스듬히 잘라, 대가리를 대각선으로 잘라낸다.

15

세장뜨기를 한다

 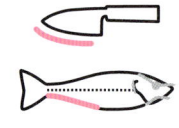

180도 돌려서 꼬리를 왼쪽, 배를 앞쪽으로 향하게 놓고, 항문에서 꼬리 연결 부위까지 껍질에 칼집을 넣는다.

16

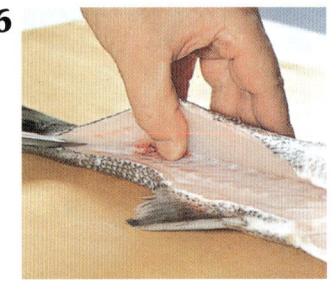 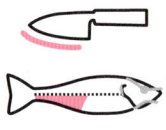

같은 부분을 더 깊이 잘라 나가며, 가운데뼈 위를 척추뼈에 닿을 때까지 칼날로 미끄러지듯 가른다.

17

꼬리를 오른쪽, 등을 앞쪽으로 돌려놓고, 등지느러미를 따라 꼬리 연결 부위에서 어깨 부근까지, 가운데뼈 위를 따라 미끄러지듯 척추뼈에 닿을 때까지 잘라 나간다.

18

척추뼈까지 잘라낸 다음, 살을 척추뼈에서 발라내듯이 깊이 자른다.

19

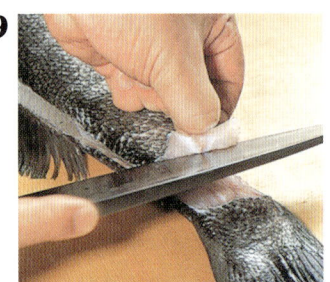 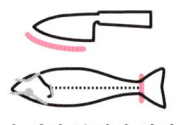

꼬리 연결 부위에 칼집을 넣고 왼손으로 그 끝을 들어 올려서, 윗부분의 살과 척추뼈의 사이에 칼을 오른쪽으로 눕힌 상태로 넣는다.

20

 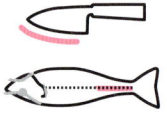

왼손으로 잡은 꼬리 끝을 위로 들어 올리며, 눕힌 칼로 척추뼈 위를 따라 미끄러지듯이 움직여서 항문 근처까지 잘라 나간다.

21

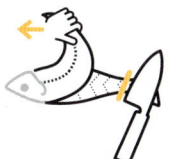

꼬리의 연결 부위를 칼날로 단단히 누르고, 한쪽 살의 끝을 잡은 왼손을 한 번에 왼쪽 위로 잡아당기며 한쪽 살을 가운데뼈에서 발라낸다.

22

다른 한쪽 살도 **15~21**과 같은 방법으로 가운데뼈에서 발라내어 세 장 뜨기를 한다.

23 배뼈를 떼어낸다

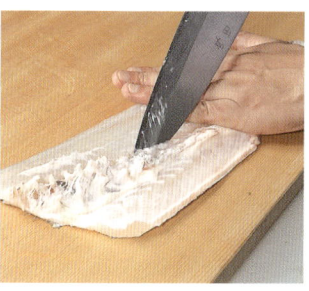
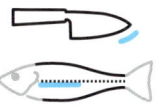

아래쪽 살을 꼬리가 오른쪽, 배가 앞쪽을 향하도록 둔다. 왼손을 꼬리에 대고 칼날을 위로 한 채 배뼈 연결 부위를 얇게 잘라 벗긴다.

24

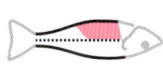

꼬리를 왼쪽에 두고 칼을 배뼈 연결 부위에서부터 배뼈의 진행 방향을 따라 비스듬히 베어낸다. 마지막에 칼을 세워서 배껍질을 잡아당기며 자르고 배뼈를 떼어낸다.

25

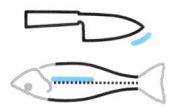

다른 한쪽 살은 꼬리를 오른쪽, 등을 앞쪽으로 향하게 둔다. 칼날을 위로 한 채 배뼈의 연결 부위를 얇게 잘라서 떼어낸다.

26

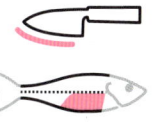

배를 앞쪽으로 향하게 두고 배뼈 연결 부위의 오른쪽으로 칼을 눕혀 넣어서 자른 다음, **24**와 같은 방법으로 뼈를 잘라낸다.

27 횟감용 덩어리로 뜬다

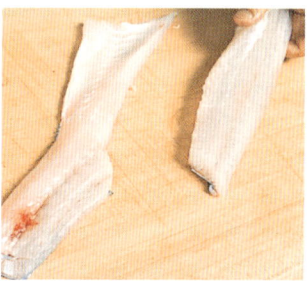
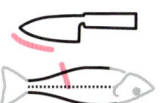

껍질 면이 아래를 향하도록 한쪽 살을 놓고, 잔가시를 뱃살에 남겨놓을 수 있도록 여러 번 걸쳐서 잘라나가며 등살과 뱃살로 분리한다.

28

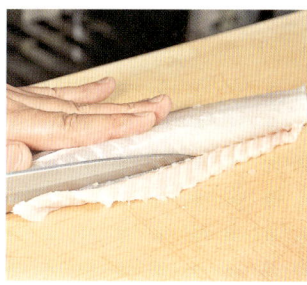
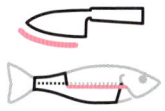

농어는 횟감용으로 주로 등살을 사용한다. 적당한 두께의 등살에서, 살이 얇아지는 등살을 뱃살 쪽에 붙여서 잘라내어 횟감용 덩어리로 뜬다.

29

껍질 면이 아래를 향하도록 뱃살을 놓고, 칼을 세워서 잔가시 옆을 따라 잔가시를 잘라서 분리한다. 다른 한쪽 살도 같은 방법으로 횟감용 덩어리로 뜬다.

통으로 써는 손질법

1 비늘은 비늘치기로 제거한다

먼저 비늘치기로 큰 비늘을 쳐내고, 작은 비늘은 데바보초로 제거한다(35p 1~3 참조).

2 등지느러미와 뒷지느러미를 떼어낸다

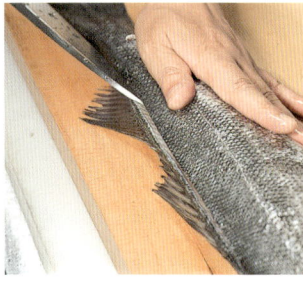
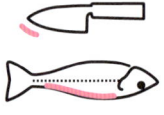

꼬리를 왼쪽, 배를 앞쪽으로 향하게 두고 칼을 오른쪽으로 눕혀서, 등지느러미를 따라 척추뼈 위에 얇게 칼집을 넣는다.

3

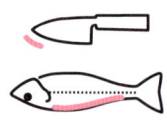

꼬리를 오른쪽으로 돌려놓고, 반대쪽도 동일하게 등지느러미를 따라 얇게 칼집을 넣는다.

4

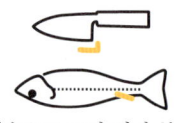

왼손으로 꼬리 연결 부위를 누르고, 꼬리에 가까운 쪽의 등지느러미 끝을 칼날로 눌러가며 살을 옆으로 당겨서, 살에서 천천히 등지느러미를 뽑아낸다.

5

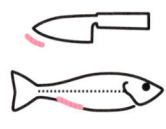

뒷지느러미 위를 따라, 등지느러미와 같은 방법으로 얇게 칼집을 넣는다.

6

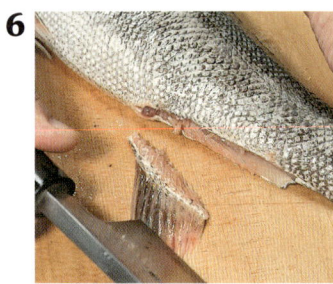

등지느러미도 같은 방법으로 (사진2, 3) 뒷지느러미 양쪽에 칼집을 넣은 다음, 뒷지느러미를 칼날로 눌러가며 살을 잡아당겨 뒷지느러미를 뽑아낸다.

7 아가미를 떼어낸다

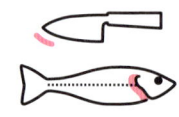

꼬리를 왼쪽, 배를 앞쪽으로 둔다. 아가미덮개를 열어서 왼손으로 아가미를 들어 올리고, 칼끝을 양쪽에서 찔러넣어서 아가미 연결 부위를 잘라 분리한다.

8

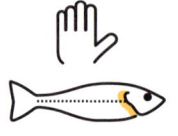

아가미덮개를 열어서 아가미를 꺼낸다. 아가미덮개의 가장자리는 얇고 날카로우니 손을 다치지 않도록 주의한다.

9 대가리를 잘라낸다

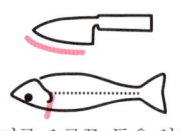

꼬리를 오른쪽, 등을 앞쪽으로 둔다. 왼손으로 대가리를 눌러서, 대가리 연결 부위에 있는 척추뼈 관절에 칼날을 넣고 척추뼈를 잘라서 분리한다.

10

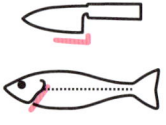

배가 앞쪽으로 오도록 돌려놓고, 턱 연결 부위도 잘라서 분리한 다음, 목살이 몸쪽에 붙어서 남아 있는 상태로 대가리를 잘라낸다.

11
내장을 꺼낸다

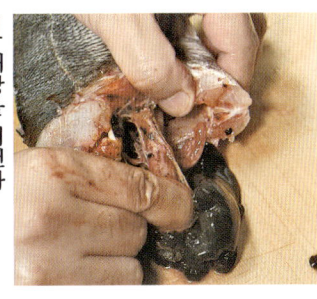

대가리를 자른 틈으로 손을 넣어서 내장을 잡아 빼낸다.

12

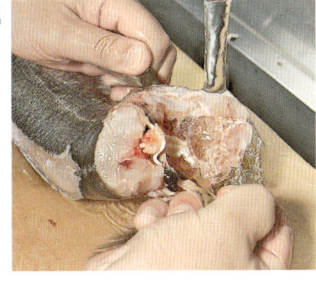

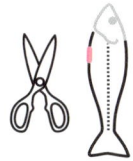

흐르는 물에 담가서 절단면을 벌리고, 대나무 꼬치를 넣어 핏덩어리와 내장 찌꺼기 등을 깨끗하게 씻어낸다.

13

가위로 배지느러미를 짧게 잘라 정리한다.

14
통으로 썬다

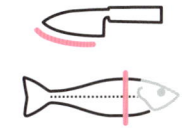

대가리의 연결 부위에서부터 3㎝ 정도 간격을 두고, 차례대로 통썰기를 한다. 꼬리 근처로 갈수록 조금 두껍게 썬다.

쥐노래미 손질/츠다 신

greenling/ling-cod

鮎魚女 [あいなめ]

◎ 쥐노래미는 신선도가 빨리 떨어지는 생선으로, 회로 사용할 때는 신선한 것을 사용한다.

◎ 비늘이 매우 작은 데다 몸 표면이 많이 미끄럽기에 먼저 데바보초로 비늘치기 하여 제거한다.

◎ 대가리는 목살 아래쪽에서 비스듬하게 잘라내어 맑은 탕 등에 이용한다.

◎ 어깨 부근에는 잔가시가 있으므로 뼈 집게로 꼼꼼하게 뽑아둔다.

측편형 생선 | 쥐노래미

한면 뜨기

1

비늘을 데바보초로 제거한다

왼손으로 대가리를 누르고 꼬리에서 대가리 방향으로, 비늘이 난 방향의 반대로, 데바보초의 칼날로 살살 긁어서 비늘을 벗긴다.

2

지느러미 옆이나 아가미덮개 주변은 비늘을 제거하기 어렵다. 생선을 누른 손의 위치와 칼을 세밀하게 움직이면서 꼼꼼하게 긁어낸다.

3

아가미와 내장을 꺼낸다

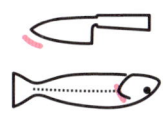

왼손으로 아가미덮개를 잡고 벌려서 아가미 안으로 칼날을 넣고 아가미 연결 부위를 자른다.

4

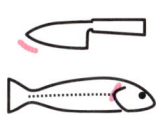

반대쪽 아가미덮개의 연결 부위도 같은 방법으로 자른다.

5

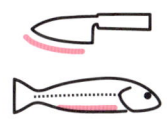

왼손으로 아가미 부분을 누르고, 턱 밑에서 배 쪽을 향해 칼을 넣고 그대로 항문까지 배를 절개한다.

6

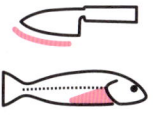

왼손으로 뱃살을 잡고 벌려서 척추뼈와 아가미 연결 부위에 칼끝을 넣고, 아가미를 칼끝에 걸듯이 긁어서 꺼낸다.

7

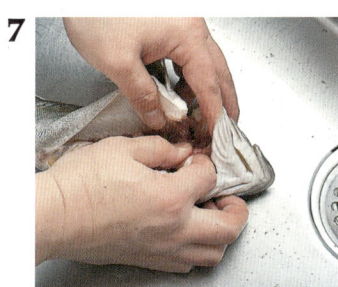

왼손으로 배를 벌리고, 오른손으로 아가미를 잡아당긴다.

8

그대로 당기면 아가미와 내장이 함께 빠져나온다.

9

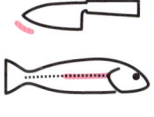

칼끝으로 척추뼈 안쪽을 긁어서 핏덩어리를 떼어낸다.

10

물로 씻어낸다

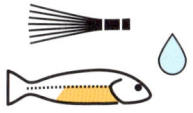

흐르는 물에 사사라를 이용해서 배속을 깨끗하게 씻어낸다.

11

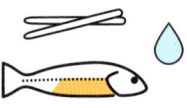

척추뼈에 박혀있는 핏덩 어리나 찌꺼기는 젓가락 등을 이용해서 꼼꼼하게 씻어낸다.

16

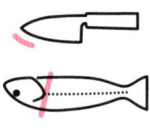

그대로 척추뼈 관절이 연 결된 곳에 칼을 넣어, 목살 아래에서 비스듬히 대가리 를 잘라낸다.

12

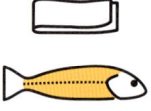

도마에 올려 생선 전체의 물기를 행주로 닦고, 뱃속 의 물기도 꼼꼼하게 닦아 낸다.

17

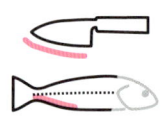세 장 뜨 기 를 한 다

꼬리를 왼쪽, 배를 앞쪽으로 둔다. 칼을 오른쪽으로 눕힌 채로 칼날을 배에 넣어 항문 에서 꼬리 연결 부위 방향으 로 칼집을 넣는다.

13

대 가 리 를 잘 라 낸 다

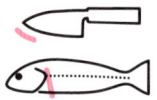

대가리를 왼쪽, 배를 앞쪽 으로 둔다. 왼손으로 가슴 지느러미와 배지느러미를 잡아서, 가슴지느러미의 연 결 부위와 배지느러미를 잇 는 선을 따라 칼을 넣는다.

18

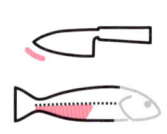

칼집에 칼을 다시 넣고, 가 운데뼈 위를 따라 미끄러 지듯 움직여서 척추뼈에 닿을 때까지 깊게 자른다.

14

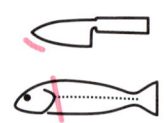

그대로 척추뼈까지 깊게 자른다.

19

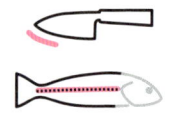

왼손으로 잘라서 분리한 뱃살을 젖혀 올리면서 척추 뼈 위를 따라 더욱 깊게 자 른다.

15

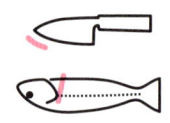

생선을 뒤집어 같은 방법 으로 가슴지느러미 연결 부위에 칼을 넣는다.

20

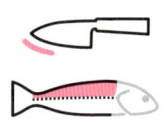

어깨 부근에서 등 쪽으로 잘라서 분리하고, 왼손으 로 잘라서 분리한 살을 잡 아당기듯이 젖혀 올리며 한쪽 살을 발라낸다.

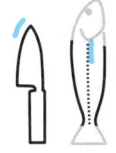

축제형 생선 | 쥐노래미

21

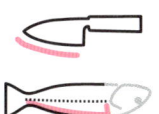

꼬리를 왼쪽, 등을 앞쪽으로 둔다. 칼을 오른쪽으로 눕혀 칼날을 어깨 부근의 척추뼈에 닿을 때까지 넣고, 꼬리의 연결 부위까지 칼집을 넣는다.

22

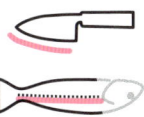

칼집에 다시 칼을 넣고, 가운데뼈 위를 따라 미끄러지듯이 움직이며 꼬리 연결 부위까지 잘라 나간다.

23

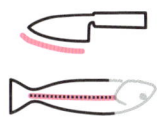

왼손으로 잘라낸 등살을 젖혀 올리면서 척추뼈 위를 따라 잘라 나간다.

24

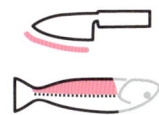

척추뼈를 따라 칼을 움직이며, 배 쪽의 가운데뼈 윗부분도 따라 미끄러지듯 더 깊게 잘라 나간다.

25

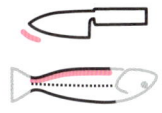

다시 칼을 넣고 왼손으로 살을 잡아당기듯이 살짝 젖혀 올리며 다른 한쪽 살을 잘라낸다.

26 배뼈를 떼어낸다

껍질 면은 아래, 꼬리는 앞쪽을 향하게 두고, 배뼈 연결 부위에 칼끝을 위로 세워서 칼집을 넣는다.

27

위아래로 뒤집어 배를 왼쪽, 대가리를 아래쪽에 둔다. 칼을 오른쪽으로 눕혀서 배뼈를 비스듬히 얇게 베어낸다.

28

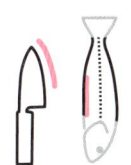

칼을 세워서 배 쪽 껍질을 잡아당기며 자르고, 배뼈를 제거한다. 다른 한쪽 살도 같은 방법으로 배뼈를 제거한다.

29 잔가시를 뽑는다

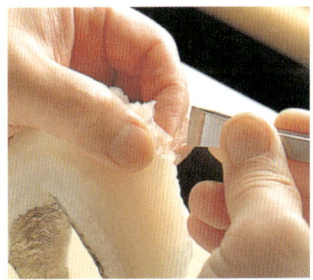
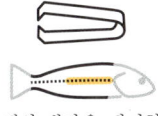

큰 뼈와 내장을 제거한 어깨 부근의 등살과 뱃살의 사이에 있는 잔가시는 뼈집게로 뽑는다. 잘 빠지지 않는 뼈이므로 살이 갈라지지 않도록 주의한다.

고등어

손질/엔도 토시오

mackerel

maquereau

sgombro/lacerto

鯖（さば）

◎ 세 장 뜨기에 적합한 대표적인 생선이나 살이 의외로 부드러워서, 칼을 중간에 멈추지 말고 한 번에 손질하듯이 움직여야 마무리가 깔끔해진다.

◎ 배뼈에 붙어 있는 핏덩어리는 비린내의 원인이 되므로 꼼꼼하게 물로 씻어 낸다.

◎ 세 장 뜨기나 통째로 쓰는 경우에는 목살 아래에서, 소금구이의 경우에는 목살 위에서 대가리를 잘라낸다.

바다에 사는 생선 | 고등어

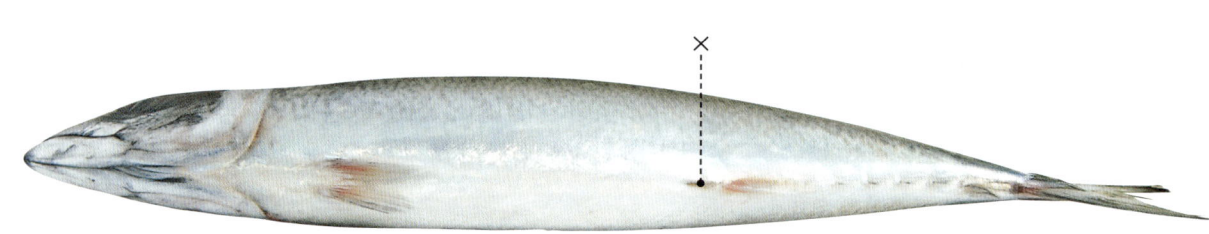

양면 뜨기

1 목살을 대가리에서 잘라낸다

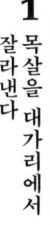

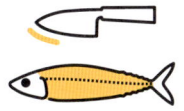

비늘은 데바보초로 꼬리에서 대가리 쪽을 향해 긁어내며 제거한다. 대가리는 왼쪽, 배를 앞쪽으로 두고, 목살 아래 수직으로 칼을 넣는다.

2

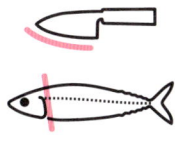

그대로 곧게 대가리를 잘라낸다.

3 내장을 꺼낸다

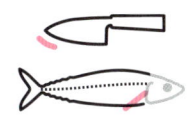

고등어를 돌려서 꼬리를 왼쪽에 둔다. 대가리의 연결 부위에서 배의 아래쪽 부분(배래기)으로 비스듬히 칼을 넣고 배지느러미를 잘라낸다.

4

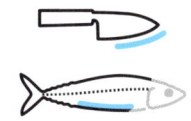

칼을 왼쪽으로 눕혀서 칼끝이 위를 향하게 돌려 잡고 항문에서부터 칼날을 넣어 대가리 쪽을 향해 곧게 배를 가른다.

5

배를 벌린 상태. 내장과 함께 이리가 있으면 이리만 손으로 먼저 꺼내둔다.

6

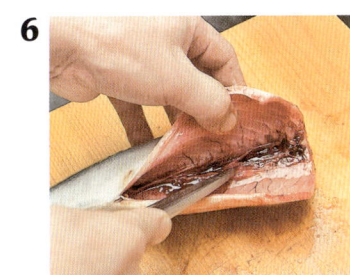
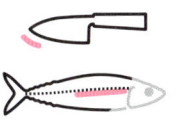

왼손으로 뱃살을 젖히며 들어올려 이리와 내장을 제거한다. 칼끝으로 척추뼈 안쪽에 있는 핏덩어리를 긁어낸다.

7 물로 씻어낸다

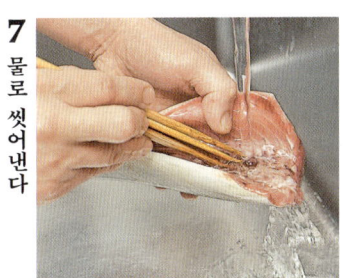
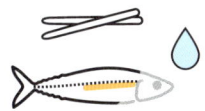

흐르는 물에 담가서 젓가락으로 뱃속을 깨끗하게 씻는다. 특히 척추뼈 부근에는 핏덩어리가 붙어 있기 때문에 손끝으로 꼼꼼하게 씻는다.

8

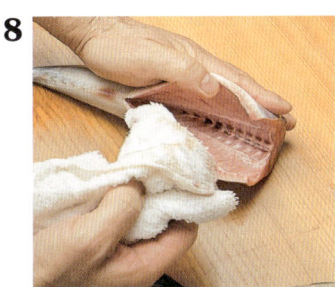
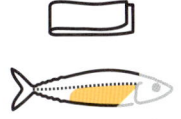

씻어낸 후에는 겉면과 뱃속 모두 행주로 물기를 깨끗하게 닦아낸다.

9 세장 뜨기를 한다

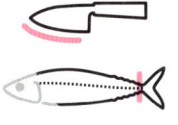

꼬리를 오른쪽, 등을 앞쪽으로 두고, 꼬리의 연결 부위에서 척추뼈에 닿을 때까지 칼집을 넣는다.

10

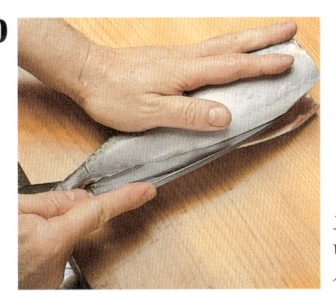
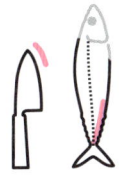

꼬리를 앞, 배를 왼쪽에 둔다. 칼을 오른쪽으로 눕혀서 칼날을 배에 넣는다.

11

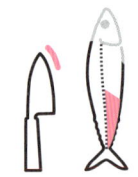

그대로 가운데뼈 위를 따라 미끄러지듯이, 칼을 척추뼈에 닿을 때까지 움직여서 꼬리의 연결 부위를 잘라낸다.

12

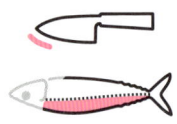

꼬리를 오른쪽, 등을 앞쪽으로 두고, 꼬리 연결 부위에 낸 칼집에서 칼날을 척추뼈까지 넣어 가운데뼈 위를 미끄러지듯이 자른다.

13

칼을 오른쪽으로 눕혀서 꼬리 연결 부위에 칼날을 다시 넣는다.

14

왼손으로 꼬리를 누르고, 칼날이 척추뼈 위를 따라 미끄러지듯 움직여 한쪽 살을 척추뼈에서 잘라낸다.

15

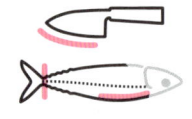

생선을 뒤집어 꼬리를 왼쪽, 배를 앞쪽으로 향하게 두고, 꼬리 연결 부위에 **9**와 같은 방법으로 칼집을 넣은 뒤, 대가리 연결 부위에서 등 쪽으로 칼을 넣는다.

16

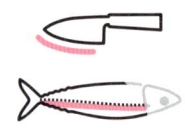

칼날이 척추뼈에 닿을 때까지 잘라 넣고, 가운데뼈 위를 따라 미끄러지듯 꼬리 방향으로 잘라 나간다.

17

배를 앞쪽, 꼬리를 오른쪽에 둔다. 뒷지느러미의 바로 위에서부터 칼날이 척추뼈에 닿을 때까지 자른다. 가운데뼈 위를 따라 미끄러지듯 대가리 쪽을 향해서 잘라간다.

18

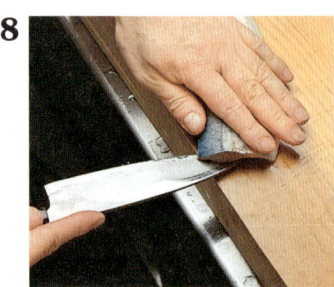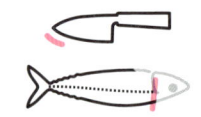

꼬리를 왼쪽, 등을 앞쪽으로 돌려놓는다. 칼을 오른쪽으로 눕혀서 대가리 연결 부위의 칼집에 다시 넣은 뒤, 칼날을 척추뼈 반대편으로 밀어낸다.

19

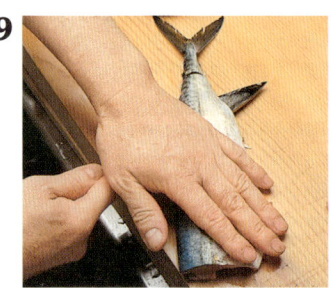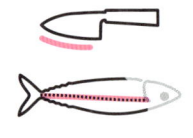

왼손으로 가볍게 생선을 누르고, 칼날이 척추뼈 위를 따라 미끄러지듯 꼬리 방향으로 잘라 나간다.

20

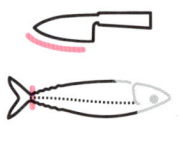

꼬리에서 잘라 분리해서 다른 한쪽 살도 발라낸다.

통으로 써는 손질법

21

배뼈를 떼어낸다

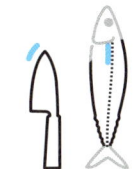

껍질 면을 아래, 꼬리를 앞쪽에 둔다. 칼끝을 위로 한 채 배뼈 연결 부위를 잘라낸다.

22

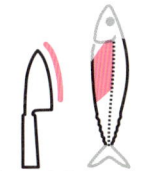

칼을 오른쪽으로 눕혀서 배뼈 연결 부위부터 얇게 비스듬히 베어낸다. 끝부분은 칼끝을 세워서 껍질을 끊어낸다.

23

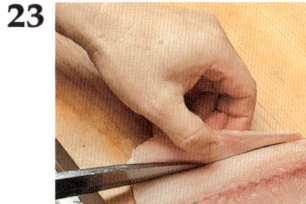
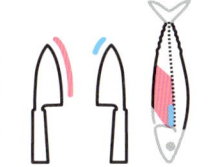

반대쪽도 같은 방법으로 배뼈 연결 부위를 자른다. 돌려서 머리를 앞으로 두고 배뼈를 얇게 비스듬히 베어낸다.

24

잔가시를 뽑는다

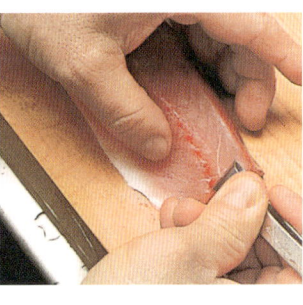
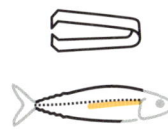

머리를 오른쪽에 두고, 오른쪽에서부터 차례로 잔가시를 뽑아간다. 뼈 집게는 도마에 대해 30도 정도의 각도로 기울여 사용한다.

1

대가리를 잘라낸다

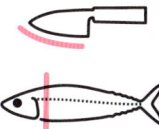

비늘은 데바보초로 꼬리에서 대가리 쪽으로 긁어서 제거한다. 대가리를 왼쪽, 배를 앞쪽으로 두고 목살 아래에 수직으로 칼을 넣는다.

2

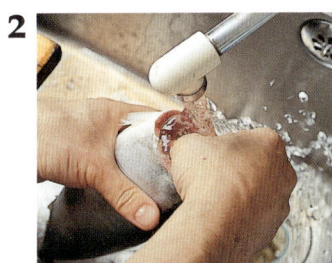

오른쪽 손가락으로 내장을 잡아 꺼낸다. 이리나 알이 들어 있는 경우에는 그대로 뱃속에 남겨둔다. 뱃속을 깨끗이 씻어낸다.

3

통으로 썬다

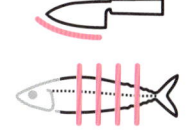

이리나 알이 뱃속에서 흐트러지지 않도록 주의하면서 2.5~3㎝ 정도의 간격을 두고 대가리 쪽에서부터 차례대로 통썰기 한다.

4

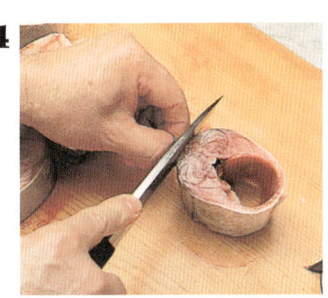

등지느러미를 왼손으로 잡고, 등지느러미 연결 부위에 수직으로 칼날을 대어 그대로 한 번에 잘라낸다.

붉바리

손질/야마모토 마사아키

grouper

merou/perche de mer/serran

cernia

雉羽太(きじはた)

◎ 비늘은 피부색을 살리는 바라비키를 해도 좋고, 스키비키를 해도 좋다.

◎ 배뼈가 두껍고, 굽은 형태로 살에 깊이 박혀 있기 때문에 뽑기가 어렵다.
중간에 잘라내고 뼈 집게로 뽑아낸다.

흰살생선 | 붉바리

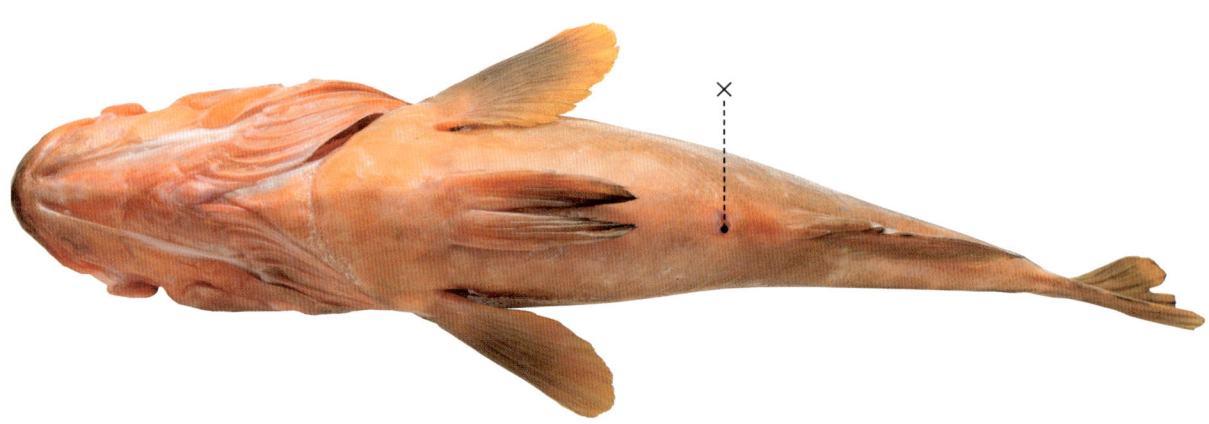

50

양면 뜨기

1 비늘을 벗긴다

비늘은 비늘치기로 제거한다. 스키비키를 해도 좋다.

2 대가리·내장을 제거한다

 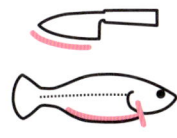

목 아래를 자르고, 그 지점에서부터 항문까지 배를 세로로 가른다.

3

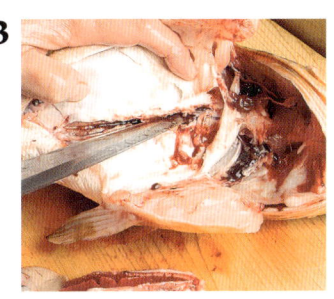 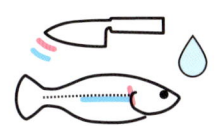

아가미 연결 부위를 잘라 아가미째로 내장을 떼어낸다. 칼끝을 위로 돌려 잡은 칼로 가운데뼈 연결 부위에 칼집을 내고, 핏덩어리를 씻어낸다.

4

 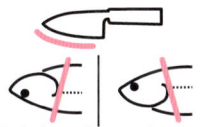

대가리를 왼쪽, 등을 앞쪽으로 두고 비스듬히 대가리를 자른다. 배를 앞쪽으로 돌려두고 반대쪽도 같은 방법으로 잘라서 대가리를 떼어낸다.

5

대가리를 오른쪽, 배를 앞쪽으로 돌려두고, 뱃살을 가운데뼈에서 잘라서 분리한다.

6

 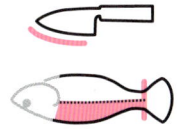

꼬리 연결 부위에 세로로 칼집을 넣는다. 꼬리를 오른쪽, 등을 앞쪽으로 두고 등살을 가운데뼈에서 잘라내면 한쪽 살이 분리된다.

7

 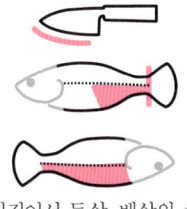

뒤집어서 등살, 뱃살의 순서대로 칼을 넣어 다른 한쪽 살도 발라낸다.

8

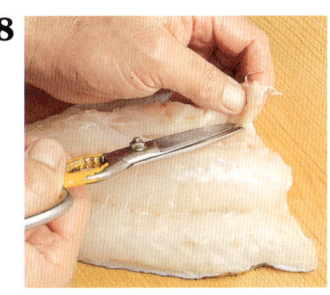 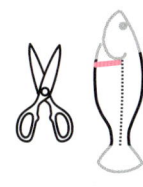

두꺼운 배뼈는 가위로 절단한다.

9

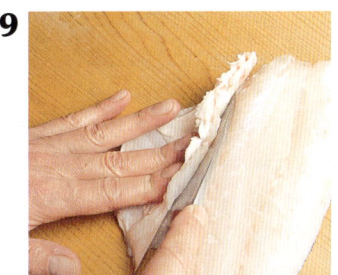 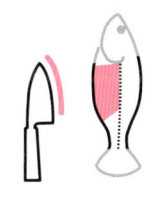

남은 배뼈 연결 부위에 칼을 넣고 떠내듯이 하며 살에서 뼈를 잘라서 분리한다.

10

 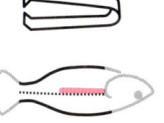

8에서 살 속에 남아 있던 배뼈는 뼈 집게로 뽑아낸다.

잉어

손질/노자키 히로미츠

carp

carpe

carpa

🇯🇵 鯉 [こい]

◎ 미끄러지지 않도록 수건을 깐 도마 위에서 작업한다.

◎ 잉어는 무사 사회에서 귀한 생선으로 여겨졌다. 당시의 관습상 배를 가르는
  것을 꺼려서, 등을 갈라서 손질했다.

◎ 내장을 제거할 때 쓸개가 터지지 않도록 주의한다.

◎ 한쪽 면을 뜬 다음 배뼈를 얇게 잘라내는 것이 아니라, 가운데뼈와 배뼈를
  함께 제거한다.

흔치 않은 생선 | 잉어

등에서 가르기

1
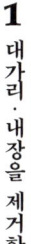   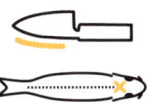

대가리·내장을 제거한다

살아있는 잉어의 대가리 연결 부위를 칼등으로 두 들겨서 기절시킨다. 껍질은 사용하지 않으므로 비늘은 벗기지 않는다.

6
 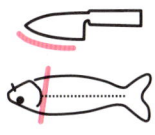

배지느러미의 연결 부위에서 대가리 쪽으로 비스듬히 칼을 넣는다.

2
 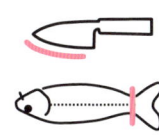

대가리를 왼쪽, 등을 앞쪽으로 향하게 도마 위에 두고, 꼬리 연결 부위에 칼집을 넣는다.

7
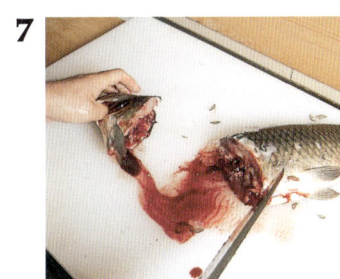 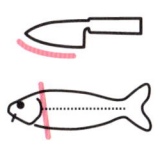

배를 앞쪽으로 돌려놓고, 같은 방법으로 비스듬히 칼을 넣어서 대가리를 잘라 분리한다.

3
 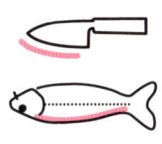

칼집에서부터 등살을 갈라 나간다.

8
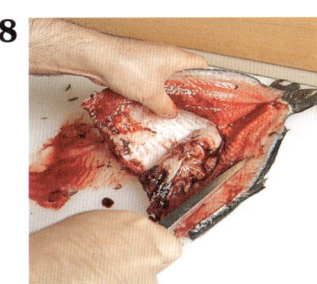 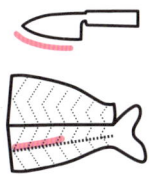

몸을 벌려서 내장 연결 부위를 자른다.

4
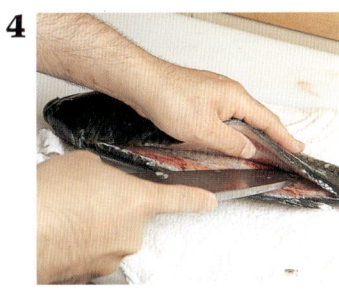 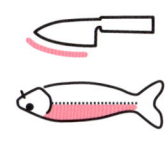

척추뼈 깊숙하게 칼을 꽂는다.

9
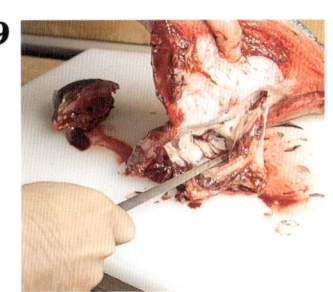

몸을 뒤집어서, 내장의 끝을 칼로 도마에 눌러 고정한다. 왼손으로 살을 잡아당겨서 분리한다.

5
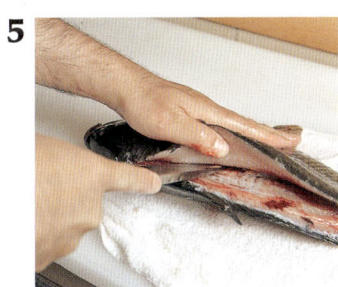 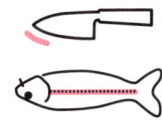

살을 젖히듯이 들어 올리며, 칼을 왼쪽으로 움직여서 척추뼈에서 살을 잘라서 분리한다.

10

꼬리를 왼쪽, 껍질 면을 위로 오게 두고 어깨 부분에 칼을 넣는다.

11

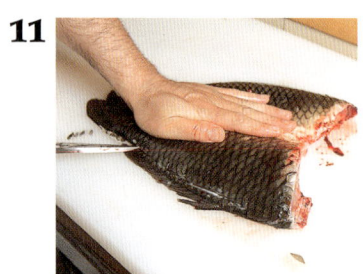

등지느러미를 따라 잘라 나가며, 등살을 분리한다.

12

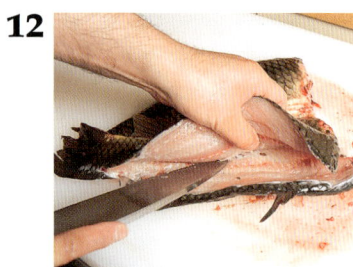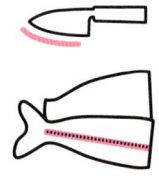

등살을 젖히듯이 들어 올려서 척추뼈 위를 잘라 나간다.

13

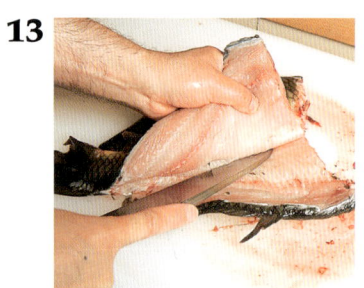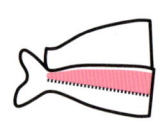

조금 더 살을 들어 올려서 배뼈의 곡선을 따라가듯 잘라 나간다. 살은 아직 분리하지 않는다.

14

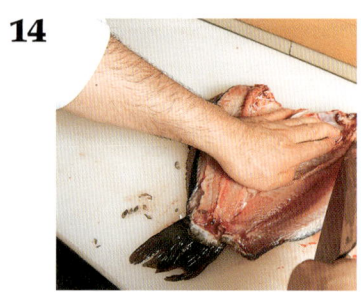

꼬리가 앞쪽, 껍질 면이 아래로 가게 도마 위에 세로로 두고, 배뼈 연결 부위를 칼끝이 위를 향하게 돌려 잡고 자른다.

15

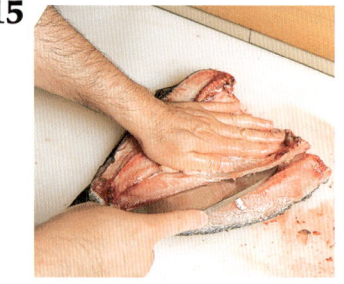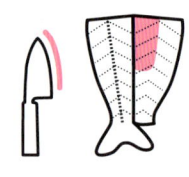

이 칼집에서 칼을 넣고, 배뼈의 곡선을 따라가듯 잘라서 벌려 나간다.

16

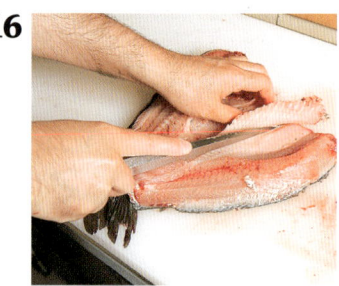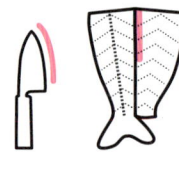

배뼈를 완전히 분리한다.

17

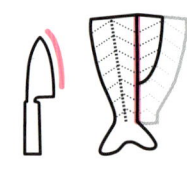

세로로 껍질을 자르면 한쪽 살이 분리된다.

18

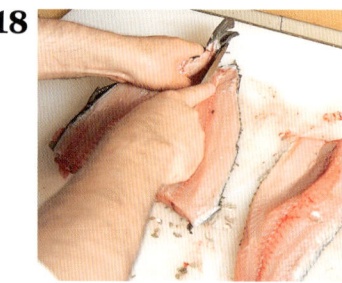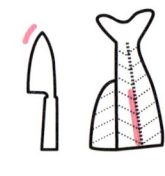

나머지 쪽 살을 꼬리가 위를 향하도록 두고, 가운데 뼈에 붙어 있는 배뼈를 왼쪽으로 젖히듯이 펼친다.

19

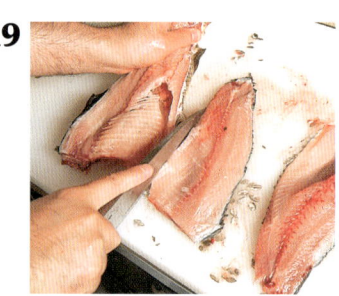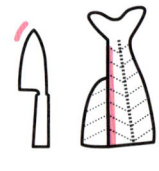

세로로 칼을 넣어 껍질을 자른 뒤, 나머지 쪽 살도 발라낸다.

20

분리된 살과 가운데뼈. 가운데뼈에는 배뼈가 붙어 있는 상태이다.

껍질 벗기고 포뜨기

1

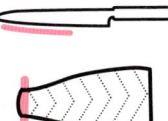

발라낸 한쪽 살을 도마 위에 올려두고, 꼬리 연결 부위의 껍질과 살 사이에 야나기바보초의 날을 넣는다.

2

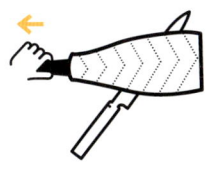

꼬리를 왼손으로 잡아당기면서 껍질을 잘라 분리한다.

3

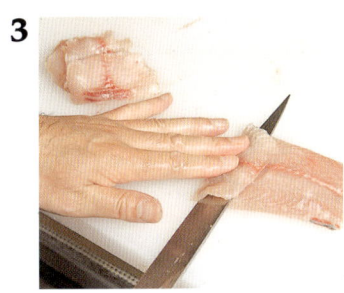

잉어회로 사용하는 경우, 발라낸 한쪽 살의 대가리 쪽을 왼쪽으로 향하게 두고, 잔가시를 끊어내듯 저며서 자른다.

홍살치

손질/노자키 히로미츠

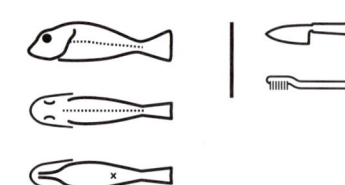

🇬🇧 **thornhead**

🇯🇵 吉次(きちじ)

◎ 세 장 뜨기를 해도 좋지만, 여기에서는 소금을 살짝 뿌려서 소금구이를 할 때 적합한 한쪽 펼치기(일명 배따기) 방법을 소개한다.

◎ 생선의 방향을 바꾸지 말고 뱃살, 등살의 순으로 가운데뼈에서 분리한다.

◎ 껍질까지 깊게 잘라서 한쪽 살이 완전히 분리되지 않도록 주의한다.

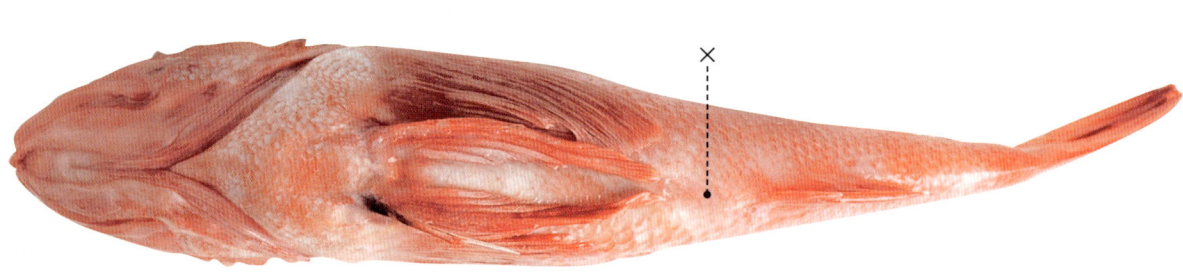

척퇴행 생선 | 홍살치

한쪽 펼치기

1 대가리·내장을 제거한다

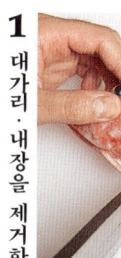 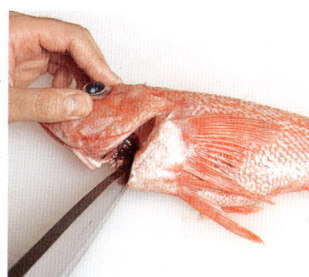 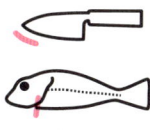

대가리를 왼쪽, 배를 앞쪽으로 두고, 목 아래를 비스듬히 깊게 자른다.

2

 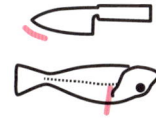

대가리를 오른쪽, 등을 앞쪽으로 두고, 대가리 연결 부위를 향해 비스듬히 깊게 자른다.

3

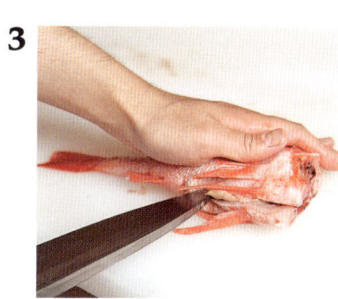 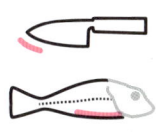

꼬리를 왼쪽, 배를 앞쪽으로 돌려놓고, 항문까지 배를 가른다.

4

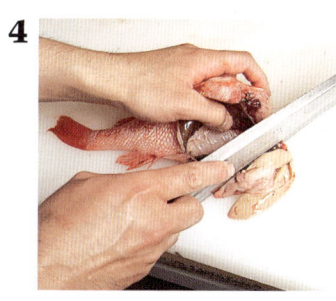 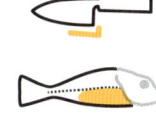

내장을 꺼낸다.

5

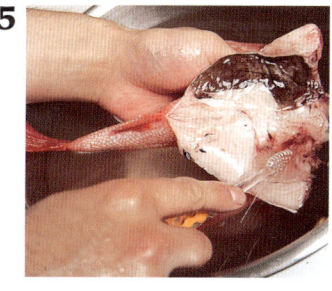 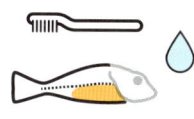

세척솔로 핏덩어리를 씻어낸다. 사사라를 사용해도 좋다.

6 한쪽으로 펼친다

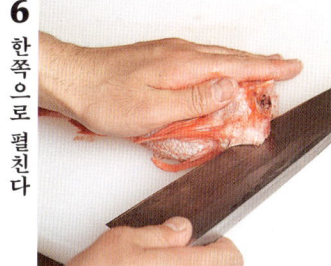 

꼬리를 왼쪽, 배를 앞쪽으로 두고, 배지느러미 위에 칼을 꽂는다.

7

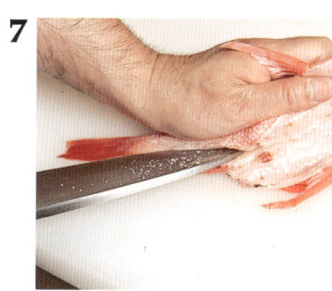 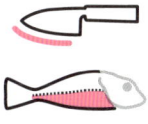

꼬리 연결 부위까지 잘라가며 뱃살을 분리한다.

8

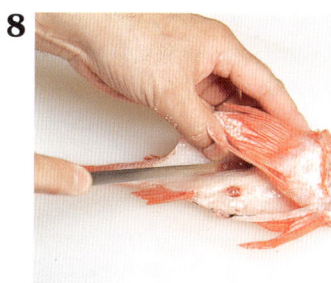 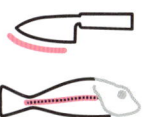

대가리 부근의 척추뼈 연결 부위에 칼을 넣고, 척추뼈 위를 따라 미끄러지듯이 잘라 나간다.

9

 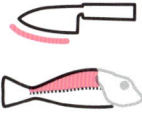

척추뼈를 넘어서 안쪽까지 깊게 칼을 넣어 등살을 가운데뼈에서 분리한다. 이때 칼끝이 껍질까지 자르지 않도록 주의한다.

금태*

손질/노자키 히로미츠

* 표준명은 눈볼대다.

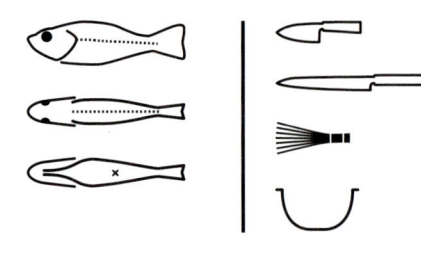

🇬🇧
blackthroat seaperch/rosy seabass

🔴 喉黒 [のどぐろ]

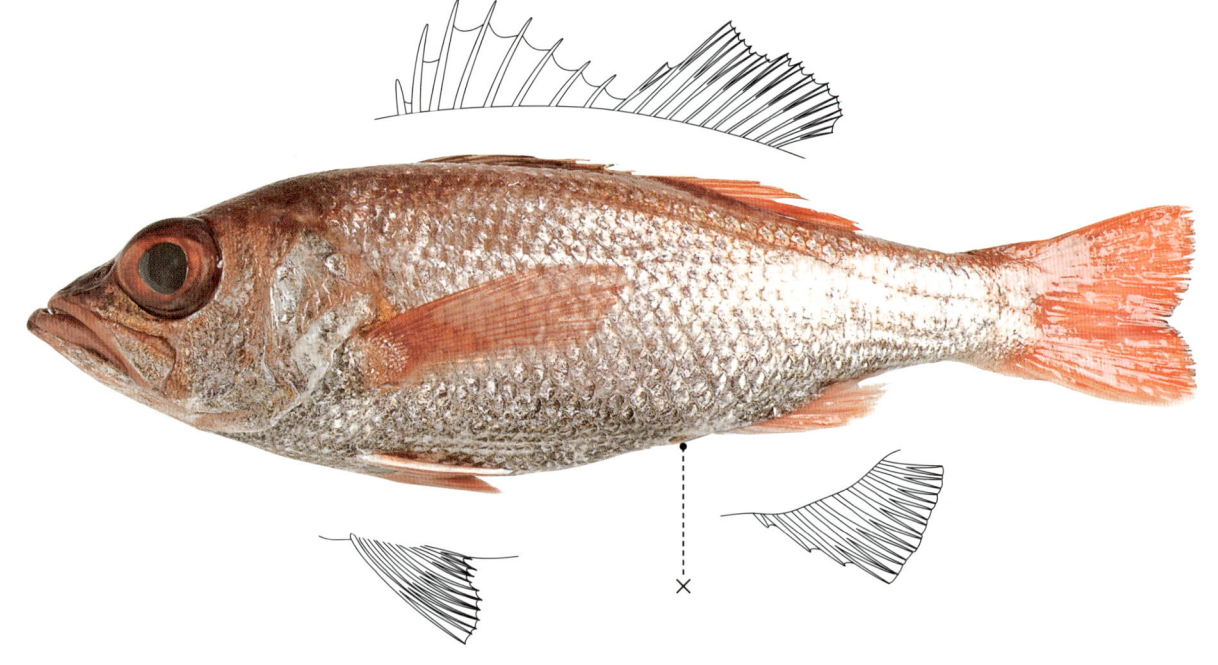

◎ 비늘은 단단하지 않지만, 살이 연하기 때문에 비늘치기로 긁으면 살이
  상한다.
◎ 지느러미가 날카로우니 손이 베이지 않도록 주의한다.
◎ 핏덩어리를 씻을 때는 소금물을 사용하면 비린내를 제거할 수 있다.
  여기서는 사사라를 사용했는데, 세척솔을 사용해도 좋다.

손질한 생선 | 금태

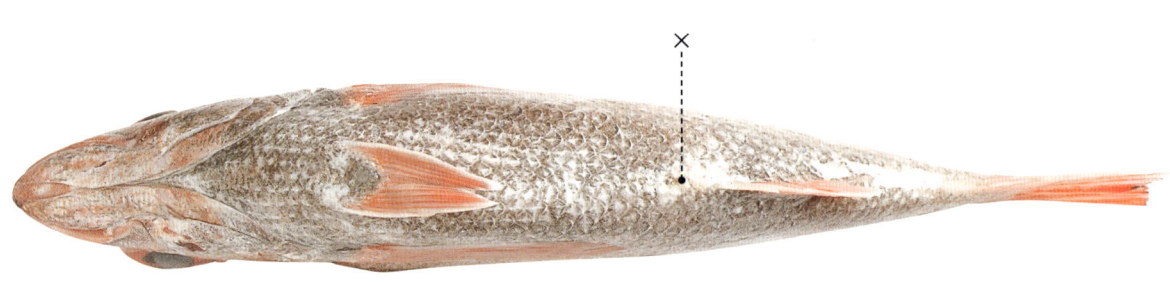

양면 뜨기

1 비늘을 벗긴다

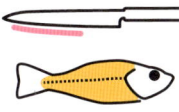

대가리를 오른쪽에 두고, 꼬리에서 야나기바보초를 아래에서 위로 들어 올리듯이 잡고 비늘을 잘라서 벗겨낸다.

2

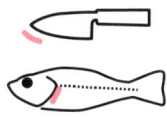

대가리를 왼쪽, 배를 앞쪽으로 돌려놓고, 가슴지느러미를 잘라서 분리한다.

3 대가리·내장을 제거한다

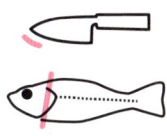

목 아래에서 가슴지느러미 연결 부위를 향해 대가리에 칼집을 넣는다.

4

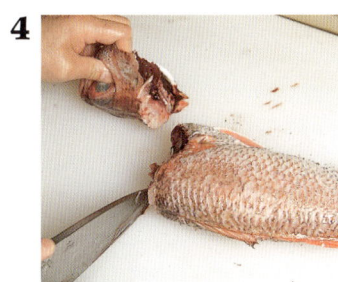
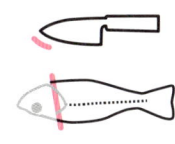

등을 앞쪽으로 돌려놓고, 척추뼈를 절단해서 대가리를 잘라낸다.

5

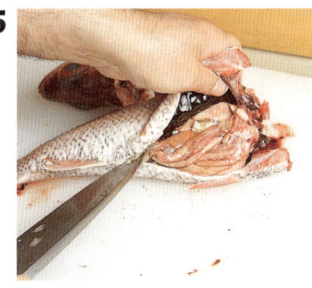

꼬리를 왼쪽, 배를 앞쪽으로 두고, 배를 가른다.

6

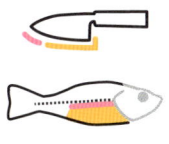

내장을 꺼내고, 척추뼈 양옆의 막에 두 줄로 칼집을 넣는다.

7

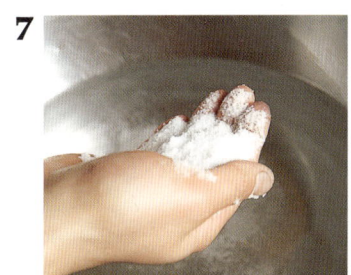

볼에 물을 받아서 소금 한 줌을 넣고, 소금물에 씻어서 비린내를 없앤다.

8

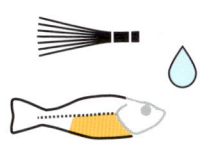

사사라를 손에 쥐고 부채처럼 납작하게 눌러서 배 안쪽을 씻는다.

9 한쪽 살을 발라낸다

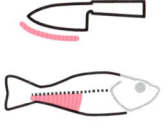

꼬리를 왼쪽, 배를 앞쪽으로 두고 뱃살을 분리한다.

10

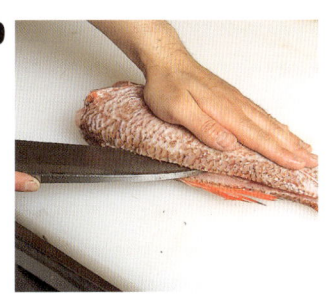
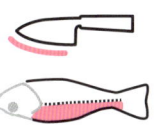

꼬리를 오른쪽, 등을 앞쪽으로 놓고 등살을 분리한다.

11

칼끝이 위를 향하게 돌려 잡고, 꼬리의 연결 부위에 칼을 꽂는다.

12

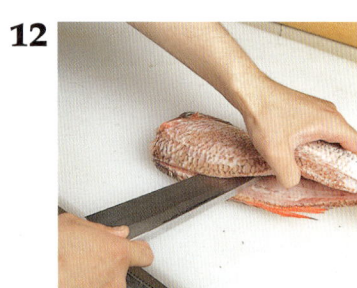
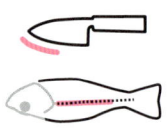

칼을 원래대로 바꿔 잡고, 배뼈 위를 따라 미끄러지듯 움직여서 살을 분리한다.

13

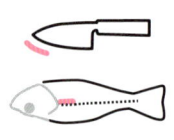

척추뼈와 배뼈의 접합부는 단단하므로, 칼을 약간 비스듬히 들어 올리고 힘을 주어서 절단한다.

14

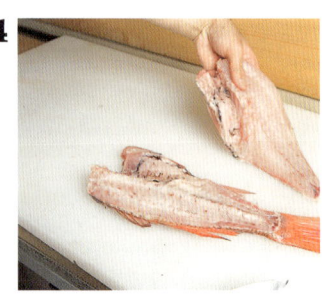
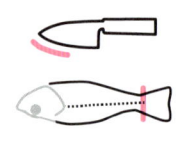

꼬리의 연결 부위를 자르고, 한쪽 살을 발라낸다.

15
발라낸다 다른 한쪽 살을

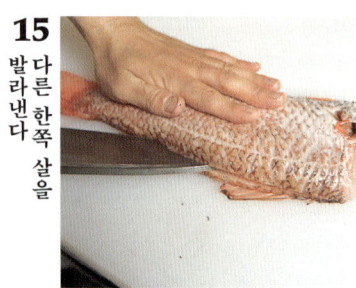
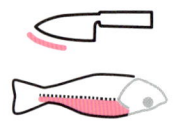

꼬리를 오른쪽, 등을 앞쪽으로 돌려놓고, 등지느러미 위를 따라 미끄러지듯 움직여서 등살을 발라낸다.

16

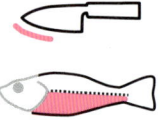

꼬리를 오른쪽, 배를 앞쪽으로 두고 뱃살을 발라낸다.

17

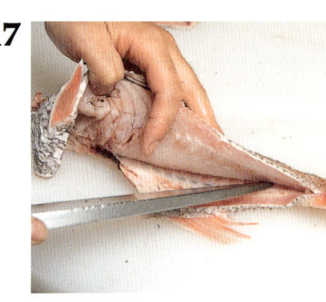
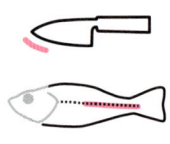

척추뼈 위를 잘라 나가며, 살을 뼈에서 분리한다.

18

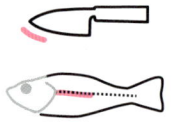

칼날을 세워서 힘을 주며 척추뼈에서 배뼈를 잘라서 분리한다. 꼬리의 연결 부위를 잘라서 한쪽 살을 발라낸다.

19
배뼈를 긁어낸다

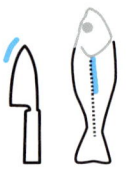

꼬리를 앞쪽, 배를 오른쪽에 두고, 칼끝을 위로 돌려 잡고 뼈 연결 부위를 자른다.

20

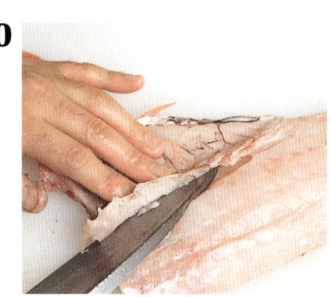
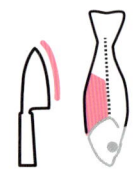

180도 돌려서 배를 왼쪽으로 향하게 두고, 배뼈를 긁어서 제거한다.

60

날렵한 생선

솜씨 좋게 헤엄치는 것이 특기인 생선이다.
일부는 등살과 뱃살을 한 번에 포뜨기하는
다이묘 뜨기를 한다.

삼치

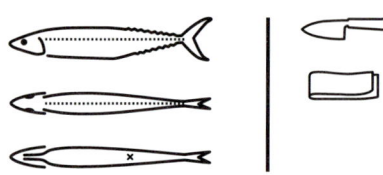

Japanese Spanish mackerel | scombre | sgombro macchiato | 鰆 [さわら]

◎ 몸이 길고 부드러우므로 살에 스트레스를 주지 않도록 주의한다. 항상 도마에 평행으로 놓고, 몸을 비틀지 않는다.

◎ 물로 씻으면 살이 으스러지기 때문에 핏덩어리는 행주로 닦아낸다.

◎ 한쪽 살을 잘라서 발라낸 다음, 다른 한쪽 살이 아래로 가게끔 도마에 올린 채 가운데뼈 쪽을 잘라서 분리한다.

남편한 생선 | 삼치

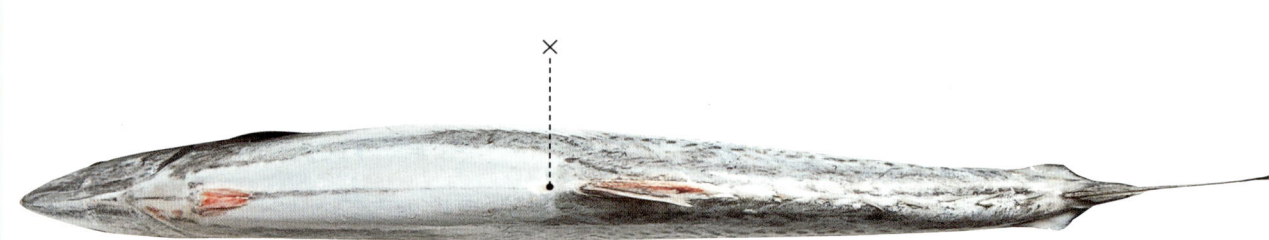

62

양면 뜨기

1 대가리·내장을 제거한다

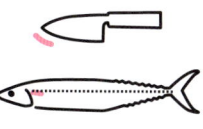

가슴지느러미를 잘라낸다.

2

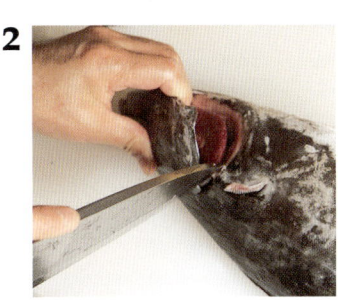
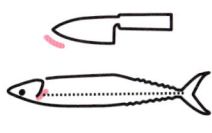

대가리를 왼쪽, 등을 앞쪽을 향해 도마에 두고, 칼을 꽂아서 아가미 연결 부위를 자른다.

3

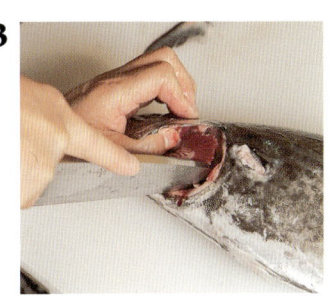
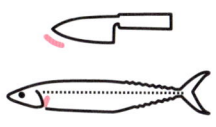

배를 앞쪽으로 돌려놓고, 반대쪽 아가미도 같은 방법으로 자른다.

4

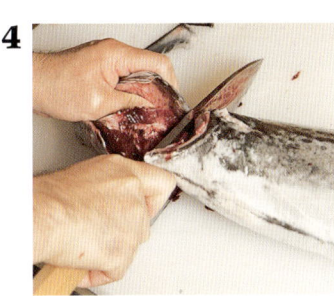
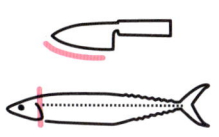

아가미덮개를 벌려서 칼을 찔러 넣고, 목살을 붙이지 않은 상태로 대가리를 잘라낸다.

5

꼬리를 왼쪽, 배를 앞쪽을 향해 돌려놓는다. 생선의 양 끝을 잡고 도마에 수평이 되도록 방향을 바꾼다.

6

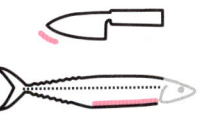

항문까지 배를 얕게 가른다. 깊게 찔러 넣으면 내장에 상처가 나기 때문에 주의한다.

7

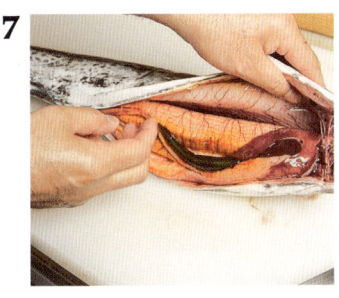

뱃살이 얇으니 손상되지 않도록 주의하면서 왼손으로 배를 벌린다.

8

내장과 알집(난소)을 제거한다.

9

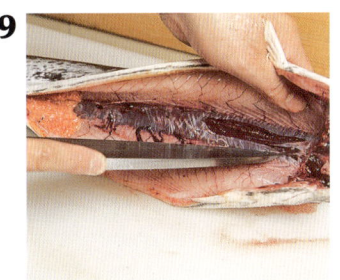

배뼈의 양옆에 칼로 두 개의 칼집을 넣는다.

10

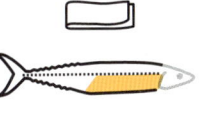

꽉 짠 타월로 핏덩어리를 닦아낸다.

11

한쪽 살을 발라낸다

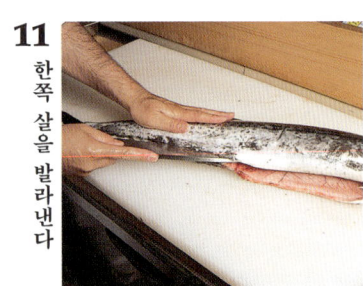
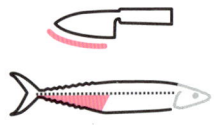

항문에서 꼬리 연결 부위 까지 배를 가른다.

16

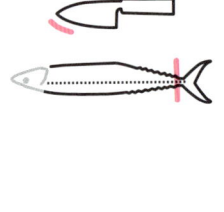

꼬리 연결 부위에 세로로 칼집을 넣는다.

12

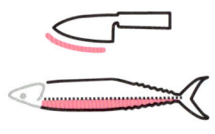

꼬리를 오른쪽, 등을 앞쪽에 두고, 꼬리에서 대가리 방향으로 등살을 잘라 분리한다.

17

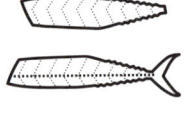

살이 으스러지지 않도록, 책을 펼치듯 두 손으로 천천히 한쪽 살을 분리한다.

13

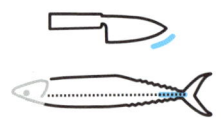

칼끝을 위로 향해 돌려 잡고 꼬리 연결 부위에 깊게 찔러 넣는다. 척추뼈의 반대편까지 칼끝을 넣는다.

18

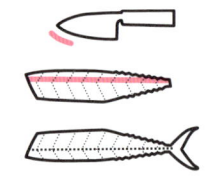

살이 갈라지지 않도록 등살과 뱃살 사이에 세로로 칼집을 넣는다.

14

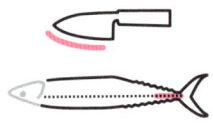

손바닥을 밑으로 해서 칼을 원래대로 고쳐 잡고 **13**의 칼집에 칼끝을 넣는다.

19

다른 한쪽 살을 발라낸다

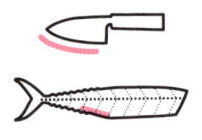

가운데뼈가 붙은 한쪽 살을 꼬리를 왼쪽, 배를 앞쪽으로 둔다. 뒷지느러미 아래에 칼을 꽂는다.

15

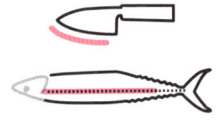

척추뼈를 따라 미끄러지듯 왼쪽을 향해 수평으로 칼을 움직인다.

20

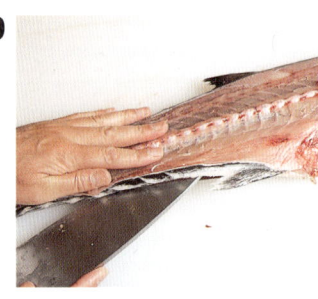
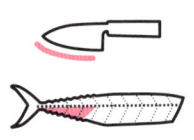

꼬리 연결 부위를 향해서 칼을 밑에서 들어 올리듯이 뱃살에서 가운데 뼈를 분리한다.

21

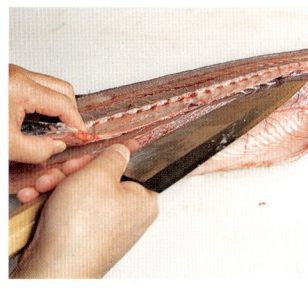
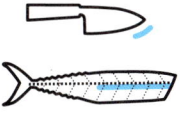

칼끝을 위로 하여, 척추뼈와 뱃살 연결 부위를 항문에서 대가리 쪽을 향해 잘라서 분리한다.

22

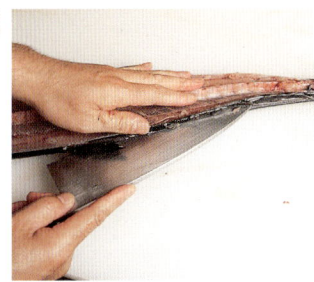
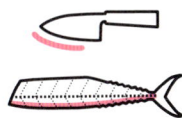

대가리를 오른쪽, 등을 앞쪽으로 둔다. 꼬리 연결 부위에서부터 등살에 칼을 꽂는다.

23

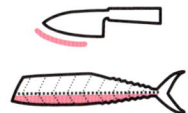

칼로 뼈를 밀어 올리듯이 움직인다. 왼손으로 가운데뼈를 벗겨내듯이 잘라서 분리한다.

24

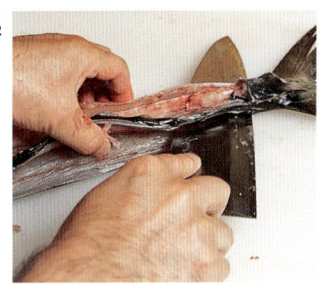
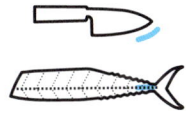

칼끝을 위로 향해 돌려 잡고 꼬리 연결 부위에 깊게 찔러 넣는다. 척추뼈 반대편까지 칼끝을 넣는다.

25

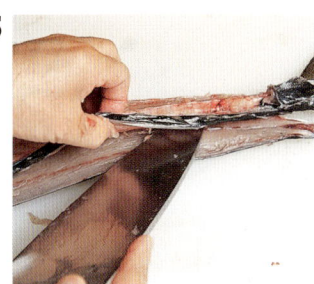
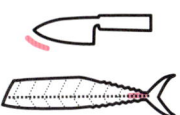

칼을 고쳐 잡고 **24**의 칼집에 칼을 넣어, 왼쪽을 향하여 잘라나가며 분리한다.

26

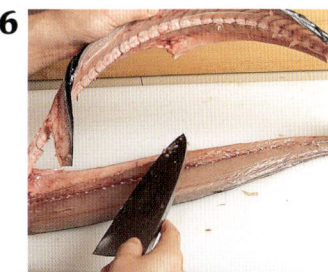
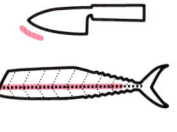

대가리끝까지 잘라내면 가운데뼈가 분리된다.

27

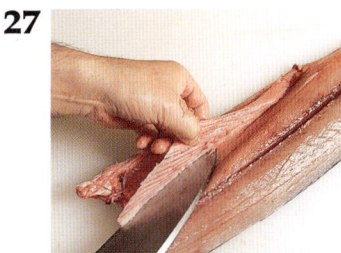

배뼈 연결 부위를 자른다. 생선의 길이가 길어서 도마 위에 사선으로 한쪽 살을 올려두고, 뱃살을 젖히며 들어올리듯이 조금씩 잘라낸다.

28

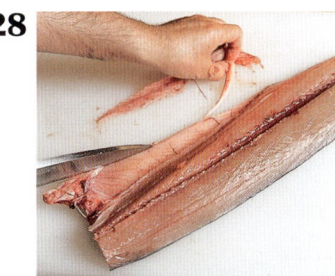
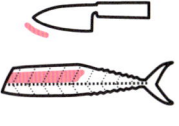

마지막까지 젖혀서 배뼈를 잘라낸다.

날치

손질/노자키 히로미츠

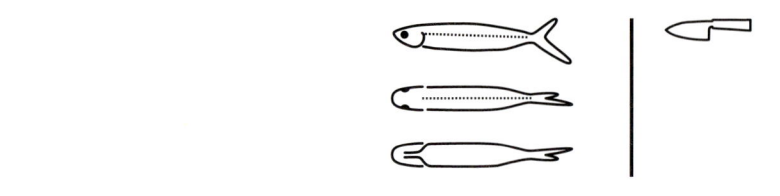

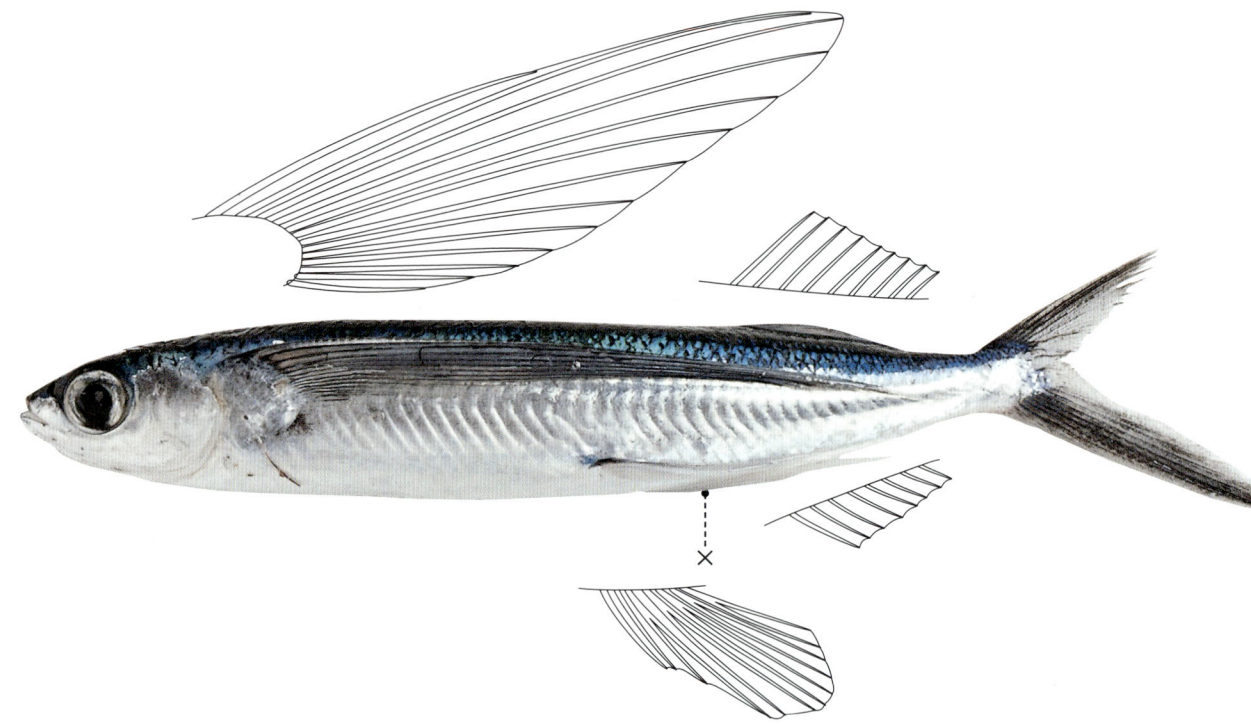

◎ 고가의 생선이 아니므로 날렵한 생선에 적합한 '다이묘 뜨기'를 한다.

◎ 몸의 구조가 학꽁치와 비슷하므로 같은 요령으로 손질한다.

◎ 긴 지느러미는 작업에 방해가 되므로 손질 전에 제거한다.

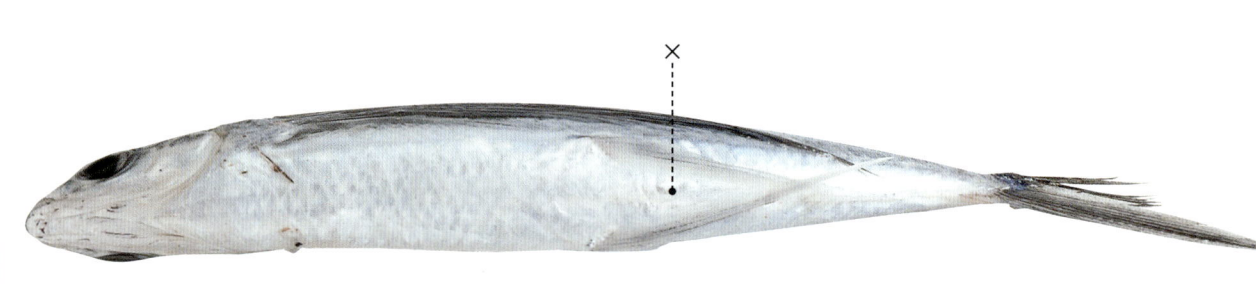

다이묘 뜨기

1

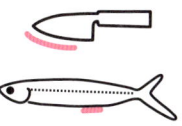

칼로 배지느러미를 누르고 왼손으로 생선을 잡아 올리면서 지느러미를 제거한다.

2 대가리·내장을 제거한다

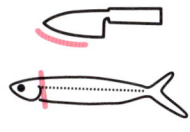

가슴지느러미 옆에 사선으로 칼을 넣고, 대가리에 비스듬하게 칼집을 넣는다.

3

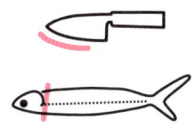

생선을 뒤집고, 같은 방법으로 비스듬하게 칼집을 넣어 가슴지느러미와 대가리를 잘라낸다.

4

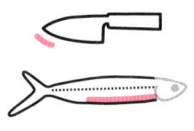

칼을 배와 평행하게 두고, 내장이 손상되지 않도록 배에 얇게 칼집을 넣는다.

5

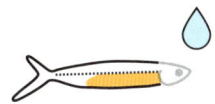

내장을 긁어서 꺼낸다. 소금물에 씻어내고, 핏덩어리와 불순물을 제거한다.

6 한쪽 살을 발라낸다

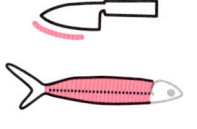

대가리를 오른쪽, 등을 앞쪽으로 두고, 가운데뼈 위에 칼날을 대어 옆으로 미끄러지듯이 한꺼번에 깊게 자른다.

7

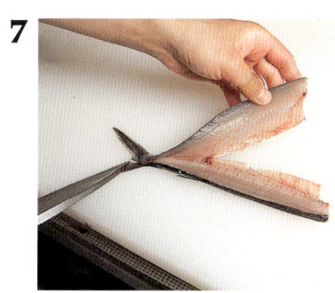
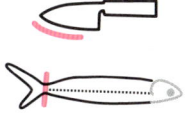

꼬리까지 잘라 나간다. 꼬리 연결 부분을 자르고 한쪽 살을 발라낸다.

8 가운데뼈를 분리한다

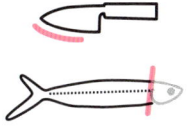

배가 앞쪽으로 향하도록 뒤집고, 살을 살짝 들어 올리며 척추뼈 위에 칼날을 갖다 댄다.

9

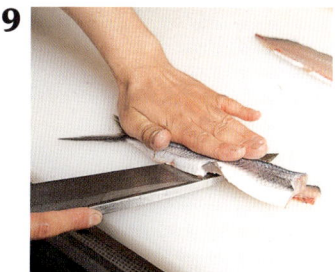
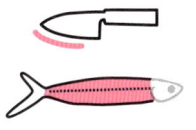

왼손으로 생선을 누르고, 칼을 수평으로 미끄러지듯이 움직이며 가운데뼈를 잘라서 분리한다.

10

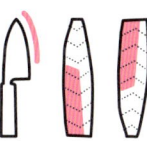

배뼈가 왼쪽에 오도록 각각의 한쪽 살을 세로로 둔다. 배뼈를 깎아서 제거한다.

67

학꽁치

halfbeak

demi-bec du Japon

costardella/costardello

針魚 (サヨリ)

◎ 학꽁치는 가뜩이나 살이 얇기 때문에 가운데뼈에 살이 남아 있지 않도록 한다.

◎ 몸이 작아서 칼을 생선과 거의 평행으로 두고 칼날 전체를 사용해서 자르는 것이 좋다.

◎ 복강이 크고 잔가시가 많으므로 배뼈와 함께 잔가시도 긁어서 제거한다.

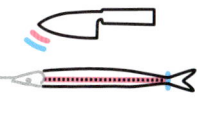

양면 뜨기

1

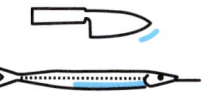

대가리·내장을 제거한다

대가리를 오른쪽, 배를 앞쪽으로 두고, 칼끝을 위로 하여 항문에서부터 칼날을 넣는다. 아가미덮개 연결 부위까지 잘라 나간다.

6

대가리에서부터 꼬리를 향해 척추뼈 위를 따라 미끄러지듯이 움직인다. 칼끝을 위로 하여, 꼬리 연결 부분을 잘라서 한쪽 살을 분리한다.

2

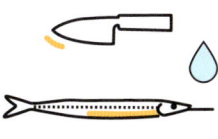

칼날을 사용해서 내장을 긁어낸다. 흐르는 물에 배를 씻어내고, 물기를 잘 닦는다.

7

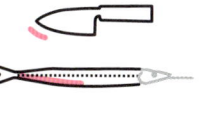

가운데뼈가 있는 한쪽 살을 배가 앞쪽, 꼬리가 왼쪽을 향하도록 놓는다. 칼날을 사용해서 뱃살을 잘라 나간다.

3

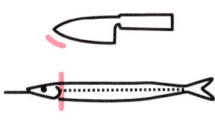

대가리가 왼쪽을 향하게 도마에 올려두고, 대가리를 잘라낸다.

8

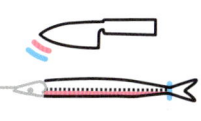

배를 앞쪽, 꼬리를 오른쪽으로 돌려놓는다. 등살도 뱃살과 같은 방법으로 잘라낸다. 가운데뼈에서부터 다른 한쪽 살도 잘라서 발라낸다.

4

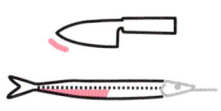

한쪽 살을 발라낸다

꼬리를 왼쪽으로 돌려놓고 뱃살을 잘라서 분리한다. 척추뼈에 칼날이 닿을 때까지 잘라 나간다.

9

배뼈와 잔가시를 제거한다

칼끝이 위로 오게 돌려 잡고 배뼈 연결 부위를 잘라낸다. 칼을 원래대로 잡고 잔가시와 함께 긁어낸다.

5

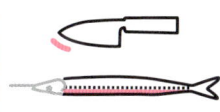

180도 돌려서 꼬리를 오른쪽, 등을 앞쪽으로 두고, 뱃살과 같은 방법으로 등살도 손질한다.

10

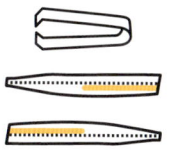

잔가시를 뼈 집게로 뽑아낸다. 지느러미도 단단하므로 뽑아낸다.

꼬치고기

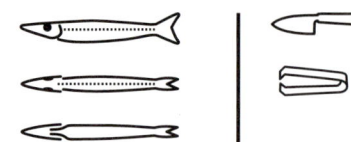

🇬🇧 barracuda

🇫🇷 barracuda

🇮🇹 luccio di mare/sfirena

🇯🇵 鰤 [カマス]

◎ 비늘은 얇지만 크기 때문에 남김없이 제거한다.

◎ 이빨이 날카로우므로 손이 닿지 않게 주의한다.

◎ 살이 부드러워 잔가시는 쉽게 제거되지만, 목살 부위의 뼈 하나가 살에 박혀 있으므로 살이 으스러지지 않게 주의하며 뽑는다.

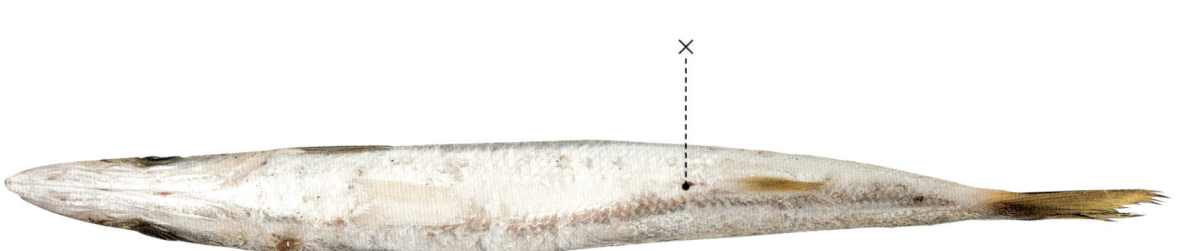

날렵한 생선 | 꼬치고기

70

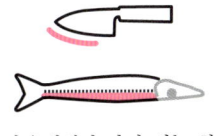

양면 뜨기

1

비늘은 칼날으로 비늘치기를 한다.

2

대가리를 오른쪽, 배를 앞쪽으로 두고, 항문에서부터 아가미덮개 연결 부위까지 칼끝을 위로 하여 잘라낸다. 칼날을 사용해서 내장을 긁어낸다.

3

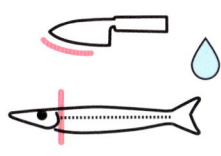

흐르는 물에 뱃속을 씻어내고 물기를 잘 닦아낸 뒤, 대가리를 왼쪽을 향해 둔다. 대가리를 잘라낸다.

4

한 쪽 살 을 발 라 낸 다

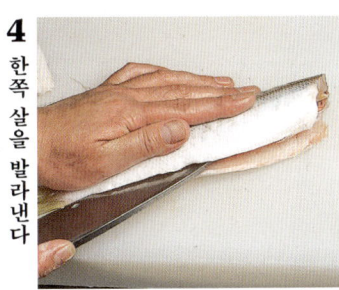
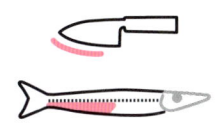

꼬리가 왼쪽을 향하게 도마에 두고 뱃살을 잘라서 분리한다. 척추뼈에 칼날이 닿을 때까지 잘라 나간다.

5

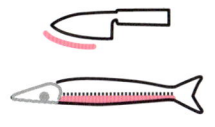

180도 돌려서 꼬리를 오른쪽, 등을 앞쪽으로 두고, 뱃살과 같은 방법으로 등살을 손질해서 한쪽 살을 발라낸다.

6

가운데뼈가 남아 있는 한쪽 살을 등이 앞쪽, 꼬리가 왼쪽을 향하도록 둔다. 칼날을 사용해서 뱃살을 잘라낸다.

7

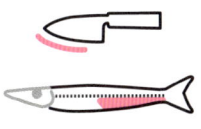

배를 앞쪽, 꼬리를 오른쪽으로 향하게 돌려놓는다. 등살도 뱃살과 같은 방법으로 잘라낸다.

8

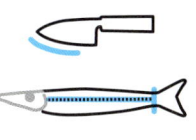

칼끝이 위로 오게 칼을 잡고, 꼬리 연결 부위를 잘라서 한쪽 살을 발라낸다.

9

잔 가 시 · 배 뼈 를 제 거 한 다

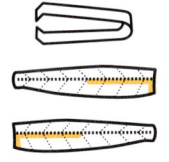

잔가시를 뼈 집게로 뽑아낸다. 목살 부위의 잔가시는 깊이 박혀있으므로 힘을 주어서 뽑는다.

10

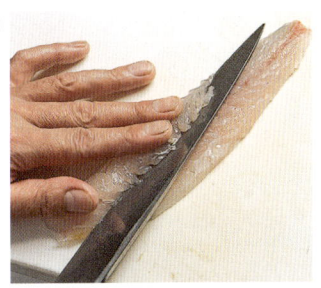
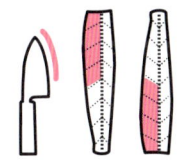

한쪽 살에서 얇게 벗기듯이 배뼈를 긁어서 제거한다.

연어

손질/엔도 토시오

🇬🇧 **salmon**

🇫🇷 **saumon**

🇮🇹 **salmone**

🇯🇵 鮭 (サケ)

◎ 연어는 살이 부드러워서 칼이 쉽게 잘 들어가기 때문에 데바보초 대신 야나기바 보초를 사용해서 다이묘 뜨기를 한다.

◎ 일반적으로 연어는 비늘을 벗기지 않고 표면을 수세미로 문질러서 물로만 씻는데, 이때 대가리에서 어깨를 향해서 문질러야 비늘이 뒤집히지 않고 깨끗하게 남는다.

◎ 핏덩어리는 젓갈에 쓰이므로 물로 씻어낼 때 상하지 않게 주의한다.

◎ 한쪽 살을 발라낸 다음, 다른 한쪽 살을 아래로 가게 도마에 올린 채 가운데뼈 쪽을 잘라서 분리한다.

납작한 생선 | 연어

다이묘 뜨기

1 아가미와 내장을 제거한다

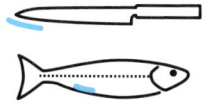

대가리는 왼쪽, 배는 앞쪽을 향해 둔다. 왼손으로 대가리를 누르고, 칼끝을 위로 하여 항문에 야나기바보초의 칼날을 넣고 대가리를 향해 곧게 가른다.

2

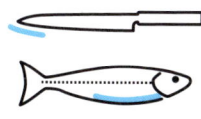

아가미덮개의 바로 아래까지 배를 절개한다. 칼끝을 위로 하여 벌리면, 연어 알이 있어도 손상이 덜하다.

3

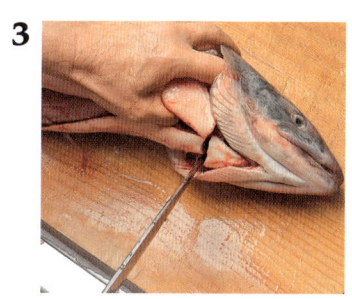
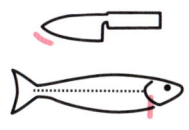

'츠리가네'(아가미덮개 바로 아래, 턱 부분과 뱃살 연결 부위의 삼각형 부분, 목젖) 부위를 세로로 자른다.

4

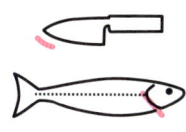

아가미덮개 아래에 칼끝을 꽂아서, 아가미덮개와 아가미 연결 부위를 자른다.

5

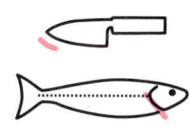

같은 방법으로 뒷면의 아가미 연결 부위도 자른다.

6

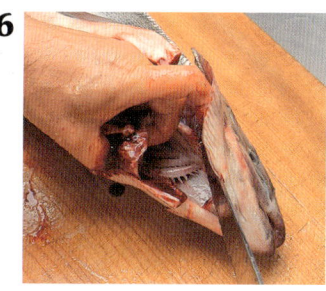
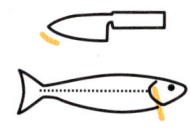

칼날로 아가미덮개를 눌러가며 왼손으로 아가미를 잡아당겨서 꺼낸다. 이때 내장도 함께 꺼낸다.

7

이리가 들어 있다면 손상되지 않도록 주의하며 꺼낸다. 알이 들어 있는 경우는 배를 가르고 바로 꺼낸다.

8 흐르는 물에 핏덩어리를 제거한다

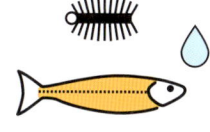

흐르는 물에 담가서 겉과 속을 잘 씻는다. 비늘이 뒤집히지 않도록 대가리에서 꼬리를 향해 수세미로 문지른다.

9

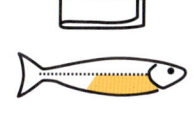

뱃속을 씻어낼 때는 핏덩어리를 덮고 있는 얇은 막이 상하지 않도록 주의한다. 뱃속도 행주로 물기를 잘 제거한다.

10

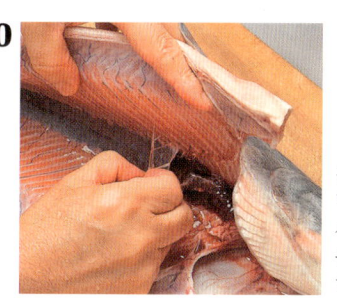

핏덩어리를 덮고 있는 얇은 막은 손가락으로 잡아당겨서 분리한다. 이때 핏덩어리를 손상시키지 않도록 주의한다.

11

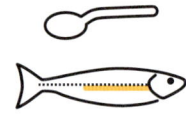

핏덩어리(신장)는 숟가락으로 긁어내서 떼어낸다(젓갈로 사용한다).

12

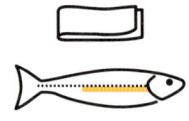

다시 한번 뱃속을 씻어내고, 핏덩어리가 붙어 있던 부분의 피와 불순물을 씻어낸 후 물기를 잘 닦는다.

13

세 장 뜨 기 를 한 다

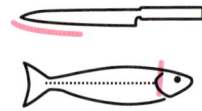

츠리가네(목짓)를 자른 단면에서부터 척추뼈에 닿을 때까지 칼을 넣고, 등 쪽의 대가리 연결 부위를 세로로 자른다.

14

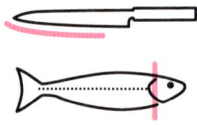

칼을 오른쪽으로 눕혀서 척추뼈와 위쪽 살 사이에 꽂는다.

15

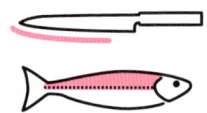

그대로 척추뼈 위를 따라 미끄러지듯이 칼을 앞으로 움직인다. 왼손으로 배를 젖히면서 들어 올리면 편하다.

16

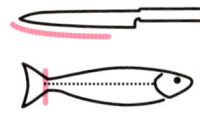

한 번에 한쪽 살을 발라내고, 꼬리 연결 부분을 잘라낸다.

17

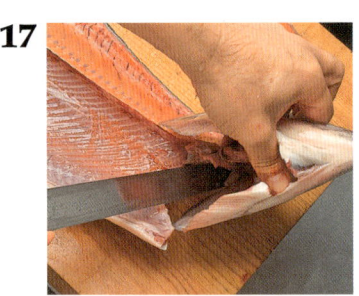
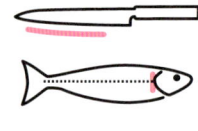

왼손으로 대가리를 들어 올리고, 척추뼈와 아래쪽 살 사이에 칼을 꽂는다.

18

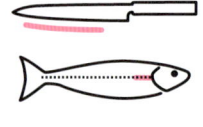

척추뼈 위를 왼손으로 가볍게 눌러가며 척추뼈를 따라 칼을 앞으로 움직인다.

19

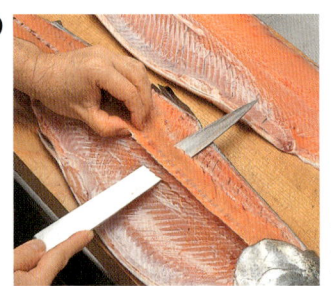
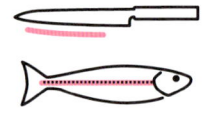

그대로 척추뼈 아래를 스쳐 지나가듯이 꼬리를 향해서 잘라 나간다.

20

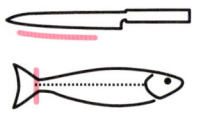

꼬리 연결 부위에서 아래쪽 한쪽 살을 잘라서 발라낸다.

통으로 써는 손질법

21

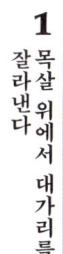

왼손으로 척추뼈를 들어 올리고, 아래쪽 한쪽 살의 대가리 연결 부위를 잘라서 분리한다. 가운데뼈에 대가리가 붙어 있는 형태로, 세장으로 손질한 것이다.

22 잔가시와 지느러미를 떼어낸다

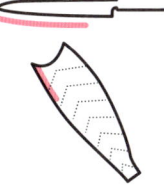

꼬리를 오른손 앞에 둔다. 칼을 세워서 등의 잔가시 부분을 얇게 베어낸다.

23

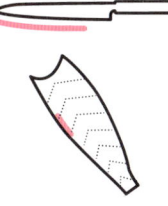

등지느러미를 잘라낸다.

24

등지느러미 뒤쪽, 뒷지느러미 부근의 잔가시 부분을 잘라낸다.

1 목살 위에서 대가리를 잘라낸다

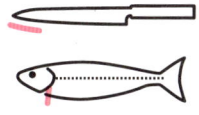

대가리를 왼쪽, 배를 앞쪽으로 둔다. 왼손으로 아가미덮개를 들어 올려 츠리가네를 세로로 자른다.

2

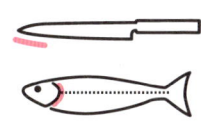

왼손으로 아가미덮개를 벌려서 칼끝을 꽂고, 아가미와 내장 연결 부위를 자른다.

3

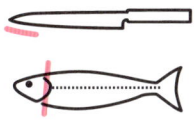

왼손으로 아가미와 아가미덮개를 벌려서 단단히 누르고, 목살 위에서 칼을 수직으로 넣는다.

4

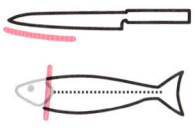

그대로 한 번에 대가리를 잘라낸다.

5 내장을 떼어내고 물로 씻어낸다

오른손가락으로 내장을 잡아 꺼낸다. 안쪽의 제거하기 어려운 부분은 손으로 긁어낸다.

6

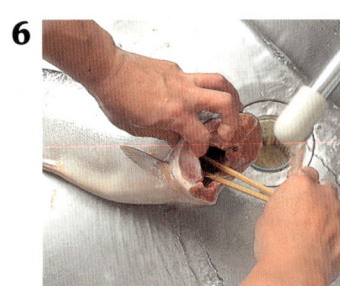 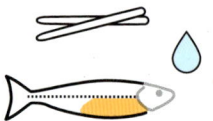

물로 씻어낸다. 젓갈용 핏
덩어리(신장)는 젓가락으로
집어서 꺼낸다. 아니라면
긁어낸다. 잘 씻는다.

7

 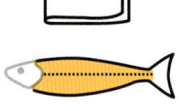

행주로 물기를 잘 닦는다.

8

 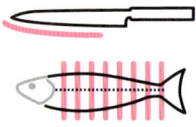

통으로
썬다

목살 부분에서부터 적당
한 두께로 통으로 썰어 나
간다.

9

 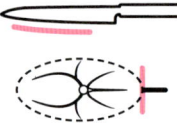

등지느러미가 붙어 있는
자른 토막살은 도마에 세
워서 등지느러미를 잘라
낸다.

작은 생선

정어리나 전갱이처럼 작은 형태의 생선들이다.
작은 생선은 날렵한 생선과 마찬가지로,
다이묘 뜨기를 하는 경우가 많다.
또한 튀김 등에 사용할 때는 살을 자르지 않고
가운데뼈만 발라내기도 한다.

정어리

손질/엔도 토시오

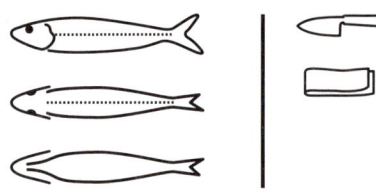

🇬🇧 saldine

🇫🇷 saldine

🇮🇹 salda/saldina

🇯🇵 鰯 [イワシ]

◎ 작고 몸이 부드러운 생선이므로 일반적으로는 테비라키*를 한다.

◎ 손으로 펼쳐서 벌릴 때는 등지느러미도 칼을 사용하지 않고 손으로 당겨서 뽑는다.

◎ 척추뼈에 붙어 있는 핏덩어리는 비린내의 원인이 되므로 꼼꼼하게 씻어낸다.

◎ 생선에 물기가 남아 있으면 신선도가 쉽게 떨어지므로 잘 닦아낸다.

◎ 회로 사용할 때는 절단면이 중요하므로 칼로 세 장 뜨기를 하는 편이 좋다.

* 손가락으로 배를 갈라 한 장으로 만드는 손질법

작은 생선 | 정어리

손으로 갈라 손질하기

1 대가리째 내장을 떼어낸다

비늘은 칼로 꼬리에서 대가리로 깎아내며 제거한다. 오른손 엄지와 검지를 아가미덮개에 넣고 대가리를 앞쪽으로 잡아당긴다.

2

 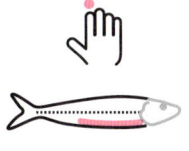

오른손으로 대가리와 내장을 꼬리 쪽으로 잡아당기며, 검지로 배를 찢어서 내장을 꺼낸다.

3

 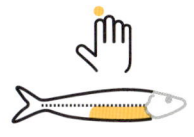

이리가 들어있다면, 배 위쪽에 검지를 넣고 살살 벗기듯이 움직여서 이리가 으스러지지 않도록 내장을 꺼낸다.

4 물로 씻어낸다

흐르는 물에 담가서 내장을 깨끗하게 씻어낸다. 특히 척추뼈 주변의 핏덩어리는 손가락으로 꼼꼼히 씻어낸다.

5

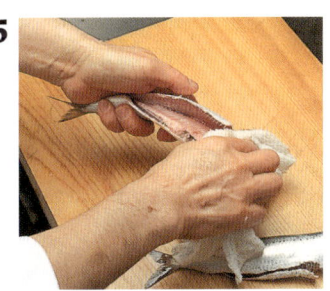 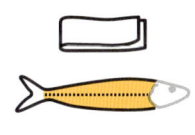

씻어낸 후에는 행주로 물기를 깨끗하게 닦아둔다.

6 손으로 갈라 손질한다

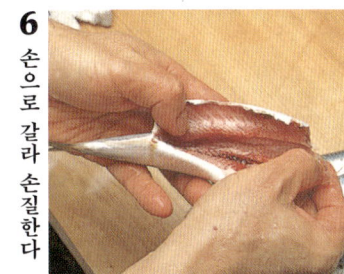 

배를 벌려 오른손 엄지를 꼬리살과 가운데뼈 사이에 넣고, 대가리 방향으로 척추뼈를 따라 움직이며 뱃살의 가운데뼈를 발라낸다.

7

이번에는 대가리에서 꼬리 쪽으로 엄지를 움직이며 등살에서 가운데뼈를 발라낸다.

8

 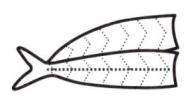

꼬리 연결 부위까지 벌려서 한쪽 살의 가운데뼈를 발라낸 상태. 배를 가른 한 장으로 펼쳐진 형태가 된다.

9

 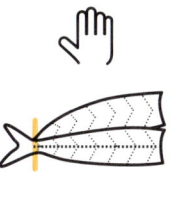

꼬리 연결 부위에서 척추뼈를 꺾는다.

10

꺾은 부분에서부터 척추뼈를 잡아당겨, 대가리 쪽을 향해 척추뼈를 발라 나간다.

다이묘 뜨기

11

배뼈를 떼어낸다

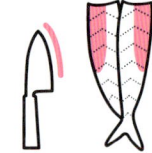

꼼꼼하게 손질하는 경우, 칼날을 오른쪽으로 눕혀서 배뼈 연결 부위에 넣고, 배뼈를 따라가듯이 잘라낸다.

12

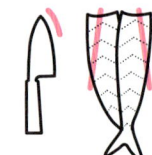

칼을 세워서 배껍질을 잡아당기며 자르고 배뼈를 떼어낸다. 반대쪽 배뼈도 같은 방법으로 저미듯이 잘라낸다.

13

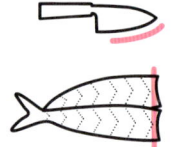

대가리 연결 부위를 깨끗하게 자른다.

14

등지느러미를 제거한다

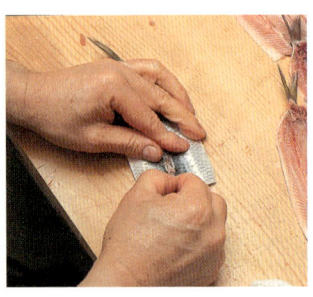

뒤집어서 왼손으로 등지느러미 연결 부위를 눌러가며 대가리 쪽으로 등지느러미를 잡아당긴다.

1

대가리를 잘라내고 내장을 제거한다

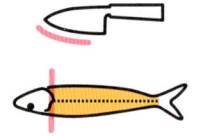

비늘은 데바보초로 긁어내서 제거한다. 이어서 아가미덮개를 따라 수직으로 칼을 넣고, 대가리를 곧게 잘라낸다.

2

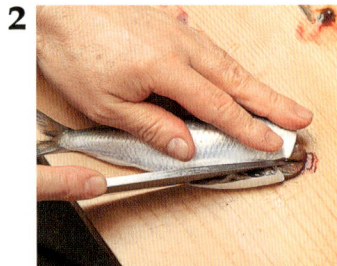
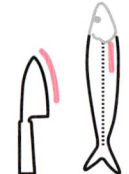

대가리 연결 부위에서 배 아래쪽(배래기)에 수직으로 칼을 넣는다.

3

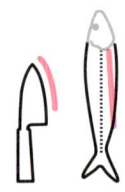

그대로 항문까지 곧게 잘라낸다.

4

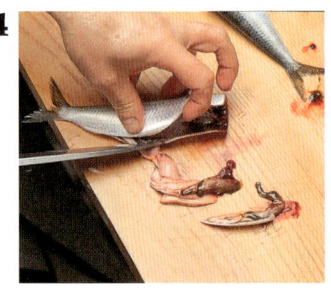
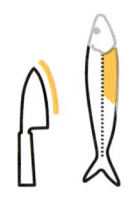

왼손으로 살을 젖히며 칼로 내장을 긁어서 꺼낸다.

5

물로 씻어낸다

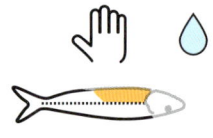

흐르는 물에 담가서 배 안쪽을 깨끗하게 씻는다. 특히 척추뼈 젖히며 손가락으로 꼼꼼하게 씻어낸다.

6

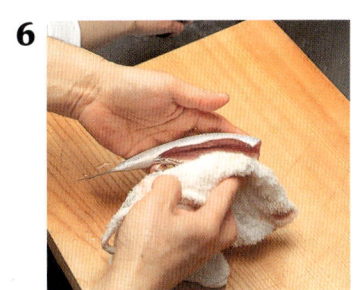
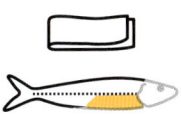

씻어낸 후에는 행주로 물기를 깨끗하게 닦아둔다.

11

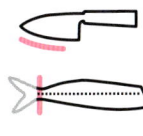

뒤집어서 **7**처럼 척추뼈에 닿을 때까지 꼬리 연결 부위에 칼집을 넣는다.

7 세 장 뜨 기 를 한 다

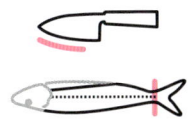

꼬리를 오른쪽, 배를 앞쪽으로 두고, 꼬리 연결 부위에서 척추뼈에 닿을 때까지 칼집을 넣는다.

12

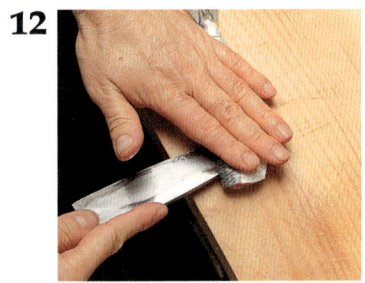
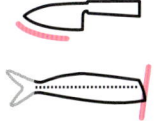

칼을 오른쪽으로 눕혀서, 대가리 연결 부위에서부터 척추뼈를 따라 미끄러지듯이 칼을 움직인다.

8

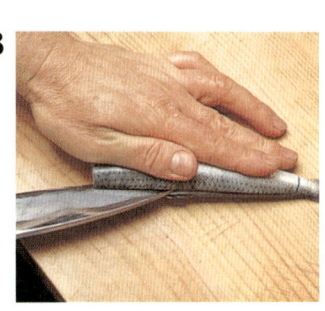
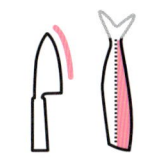

칼을 오른쪽으로 눕혀서, 꼬리 연결 부위에 넣은 칼집에서부터 칼날이 척추뼈에 닿을 때까지 등지느러미를 따라 가른다.

13

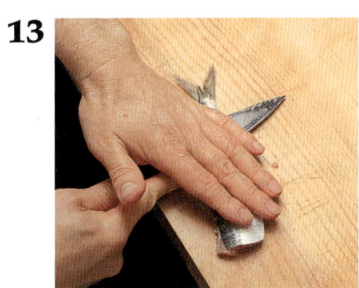
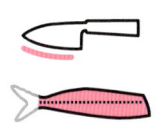

그대로 척추뼈를 따라 꼬리 연결 부위까지 칼을 움직여서, 다른 한쪽 살을 척추뼈에서 잘라서 분리한다.

9

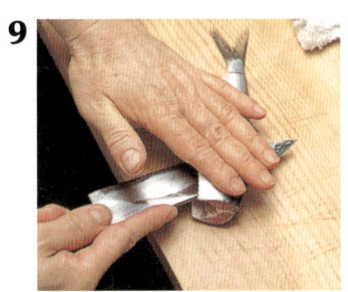
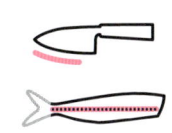

꼬리를 왼쪽, 배를 앞쪽으로 두고, 대가리 연결 부위부터 척추뼈 위를 따라 미끄러지듯 칼을 움직여 한쪽 살을 발라낸다.

14 배 뼈 를 떼 어 낸 다

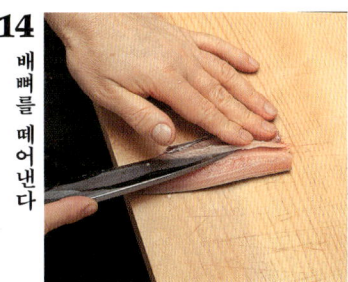

칼을 오른쪽으로 눕혀서, 칼날을 배뼈 연결 부위에 넣고 뱃살을 비스듬히 저미듯 잘라낸다(다른 한쪽도 같은 방법으로 반복).

10

이렇게 한쪽 살이 분리된다.

보리멸

손질/엔도 토시오

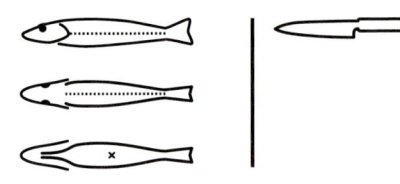

sand borer

sillago

鱚 (キス)

◎ 생선이 작기 때문에 가운데뼈에서 살을 한 번에 발라내는 '다이묘 뜨기'를 한다.

◎ 살이 비교적 두꺼운 등살 쪽에 칼집을 넣은 후 칼을 옆으로 미끄러뜨리며 한 번에 살을 발라낸다.

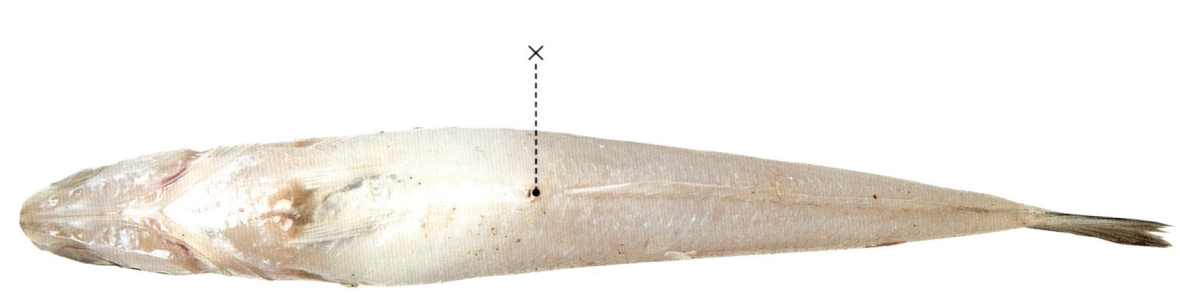

작은 생선 | 보리멸

다이묘 뜨기

1

대가리·내장을 제거한다

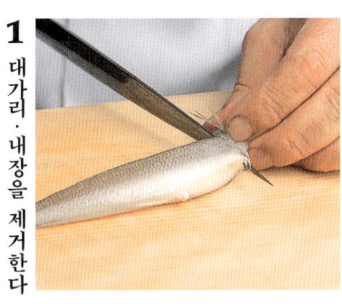
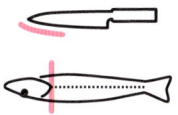

대가리는 왼쪽, 배는 앞쪽으로 두고 대가리를 잘라낸다(손의 위치를 보기 어려워, 사진은 모두 반대쪽에서 촬영).

2

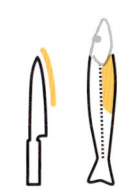

칼날로 내장을 긁어낸다. 작고 껍질이 얇기 때문에 작은 사이즈의 야나기바보초를 사용했다.

3

다이묘 뜨기를 한다

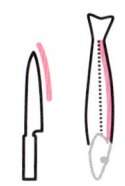

대가리를 앞쪽으로 세로로 두고, 등살에 칼집을 넣는다.

4

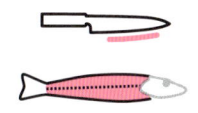

대가리를 오른쪽으로 가로로 두고, 왼손으로 고정한다. 칼을 왼쪽으로 한 번에 옆으로 움직여서 가운데뼈에서 살을 떼어낸다.

5

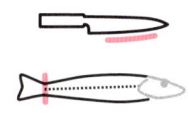

꼬리 연결 부위를 자르고, 한쪽 살을 발라낸다.

6

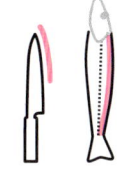

가운데뼈를 아래로, 꼬리를 앞으로 세로로 두고, **3**과 같이 뱃살에 칼집을 넣는다.

7

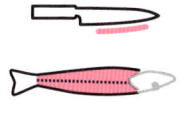

대가리를 오른쪽으로 가로로 두고, **4**와 같은 방법으로 한 번에 가운데뼈에서 살을 발라낸다.

8

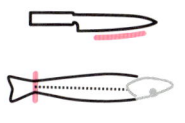

5와 같은 방법으로 꼬리 연결 부위를 자르면 다른 한쪽 살이 분리된다.

9

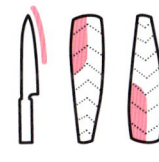

배뼈를 잘라낸다.

망둥이 손질/엔도 토시오

🇬🇧 goby

🇫🇷 gobie/goujon de mer

🇮🇹 ghiozzo

🇯🇵 鯊 [ハゼ]

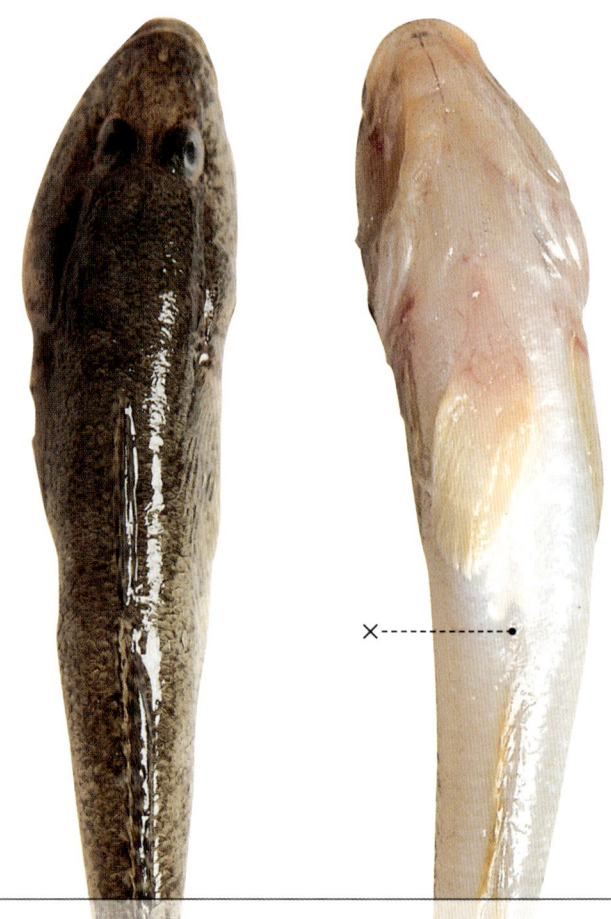

◎ 배에 알을 품고 있을 수도 있으니, 내장이 손상되지 않도록 주의해서 꺼낸다.

◎ 한 장으로 펼쳐서 껍질 면이 아래로 향하도록 도마에 두고, 가운데뼈를 발라
  내는 '두 장 뜨기'를 한다.

작은 생선 | 망둥이

84

두 장 뜨기

1

대가리·내장을 제거한다

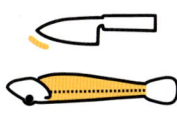

칼날로 긁어내듯이 비늘을 제거한다. 대가리는 왼쪽, 등은 앞쪽을 향해 도마에 두고, 칼집을 넣는다.

6

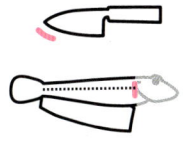

가운데뼈가 붙어 있는 쪽이 아래로 가도록 뒤집어서, 척추뼈 연결 부위에 칼날을 꽂는다.

2

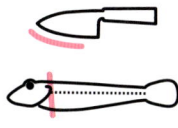

배가 앞쪽을 향하게 돌려 두고, 칼집을 넣어서 대가리를 분리한다.

7

칼을 오른쪽에서 왼쪽으로 수평으로 미끄러지듯 움직여서 가운데뼈를 분리한다. **5**의 칼집 부분까지 자르면 자연스럽게 가운데뼈가 떨어진다.

3

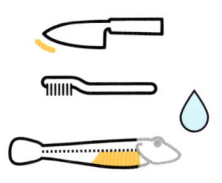

칼끝으로 내장을 제거한다. 뱃속은 세척솔로 씻어둔다.

8

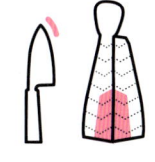

대가리가 앞쪽을 향하게 세로로 도마에 두고, 배뼈를 긁어서 제거한다.

4

한쪽 살을 발라낸다

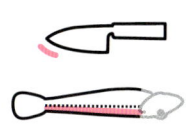

꼬리를 왼쪽, 배를 앞쪽으로 두고, 등살에 칼을 넣는다.

9

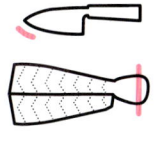

꼬리의 맨 끝을 잘라내고, 모양을 다듬는다.

5

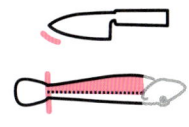

척추뼈 위까지 칼을 넣어 한 번에 가른다. 이후 꼬리 연결 부위의 가운데뼈에 세로로 칼집을 넣어 둔다.

큰눈양태

손질/노자키 히로미츠

dragonet

dragonet

女鯒 [めごち]

◎ 몸의 구조는 쏨뱅이와 비슷하고, 대가리가 크다.
◎ 두 장의 살을 완전히 분리하지 않고, 솔잎처럼 꼬리를 연결해둔 상태로 다듬는 '솔잎
　모양 뜨기'를 한다.
◎ 이 손질법은 보리멸 등에도 응용할 수 있다.

작은 생선 | 큰눈양태

솔잎 모양 뜨기

1
대가리·내장을 제거한다

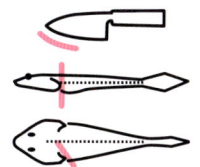

대가리는 왼쪽, 배는 앞쪽으로 두고, 대가리 연결 부위에 비스듬히 칼을 꽂는다.

2

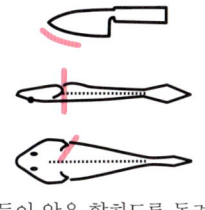

등이 앞을 향하도록 돌려서, 대가리 연결 부위에 비스듬히 칼을 꽂는다.

3

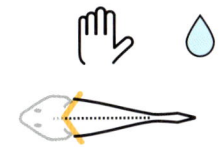

대가리를 잡아당겨서 연결되어있는 상태로 내장을 분리한다. 핏덩어리는 물로 씻어서 제거한다.

4
한쪽 살을 발라낸다

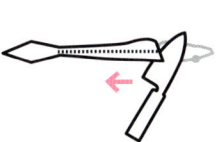

꼬리는 왼쪽, 등은 앞쪽으로 두고, 척추뼈 위에서부터 칼을 수평으로 넣는다.

5

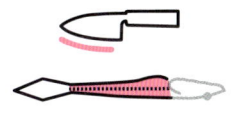

왼손으로 살을 들어 올리면서 꼬리 연결 부위까지 잘라 나간다. 한쪽 면이 완전히 잘려서 분리되지 않도록 조심한다.

6
가운데뼈를 분리한다

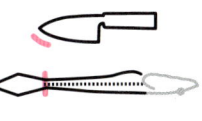

꼬리 연결 부위의 가운데뼈에 세로로 칼집을 한 개 넣는다. 살이 상하지 않도록 조심하면서 뼈만 잘라낸다.

7

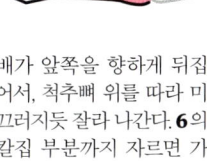

배가 앞쪽을 향하게 뒤집어서, 척추뼈 위를 따라 미끄러지듯 잘라 나간다. **6**의 칼집 부분까지 자르면 가운데뼈가 분리된다.

8

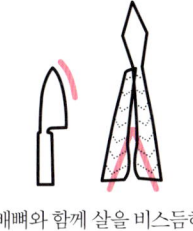

배뼈와 함께 살을 비스듬히 잘라내고 모양을 다듬는다.

9

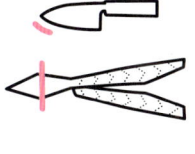

꼬리의 맨 끝을 잘라내고 모양을 다듬는다.

전갱이

손질/야마모토 마사아키

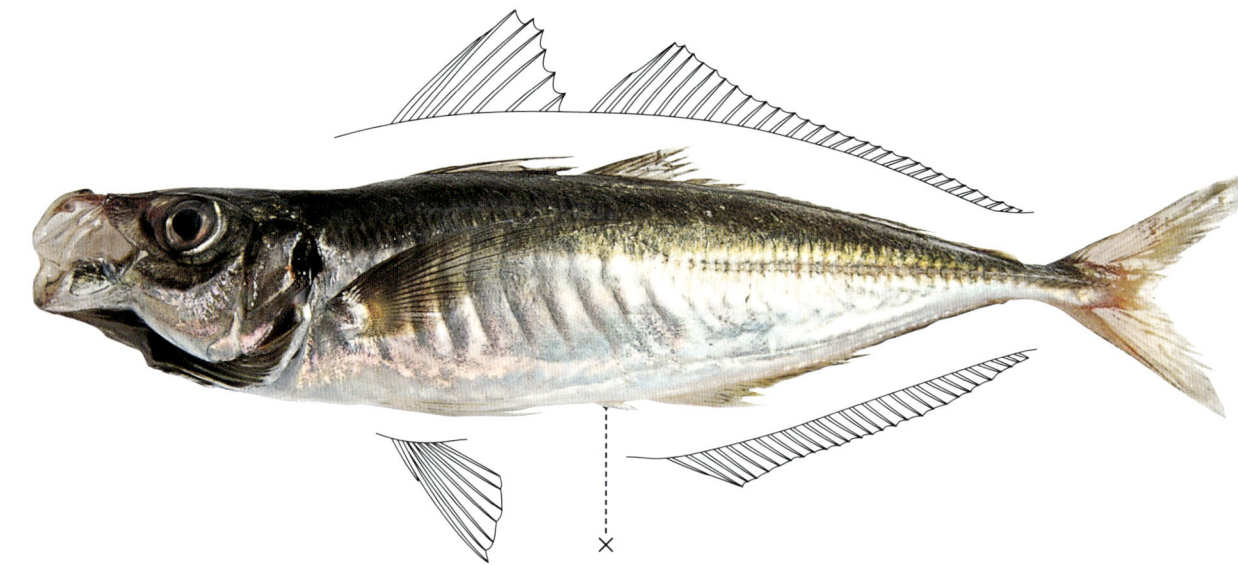

horse mackerel

carangue/chinchard

suro/sugarello

鰺 [アジ]

◎ 껍질을 벗기지 않는다면, 먼저 모비늘(몸의 양옆에 있는 단단한 비늘), 일반 비늘 순으로 벗겨서 씻어낸다.

◎ 껍질을 벗긴다면, 먼저 일반 비늘을 제거하고, 모비늘은 껍질과 함께 제거한다.

◎ 대가리를 목살 아래에서 자를 때는 배지느러미도 함께 잘라낸다.

◎ 가운데뼈에 살이 남지 않도록 정성스럽게 손질하는 경우 양면 뜨기를 한다.

작은 생선 | 전갱이

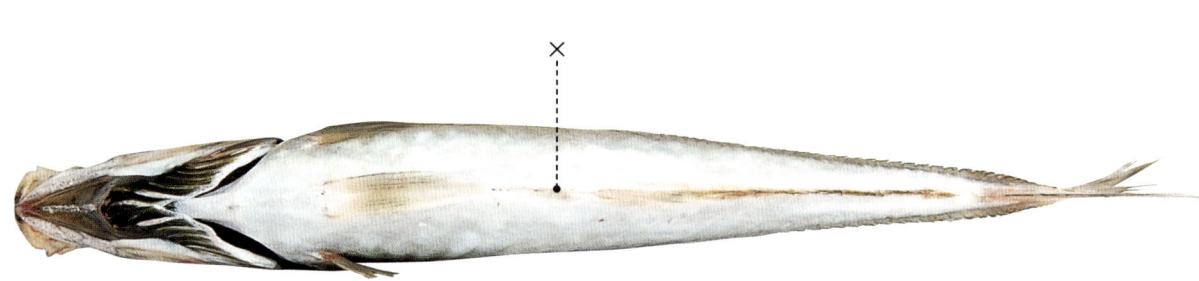

88

양면 뜨기

1
비늘을 벗긴다

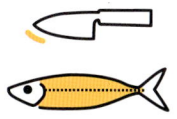

대가리를 왼손으로 누르고, 모비늘이 붙어 있는 상태에서, 꼬리에서 대가리를 향하여 칼날으로 비늘을 쳐서 제거한다.

2
대가리를 잘라낸다

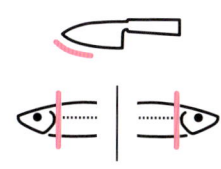

목살 뒤쪽에 양쪽에서 사선으로 칼을 넣는다.

3

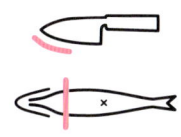

배가 위로 향하게 잡고, 배지느러미의 아래에 칼을 넣어 대가리를 잘라낸다.

4
내장을 제거한다

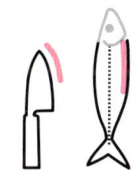

배 쪽에 칼을 넣고, 대가리에서부터 항문을 향해 곧게 잘라 나간다.

5

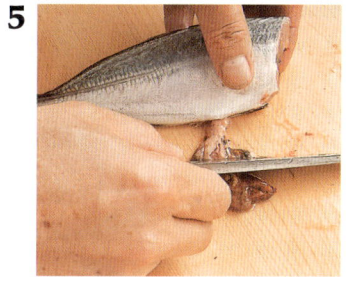
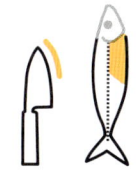

왼손으로 전갱이를 누르고, 배 가운데 칼뿌리를 넣어 내장을 긁어낸다.

6

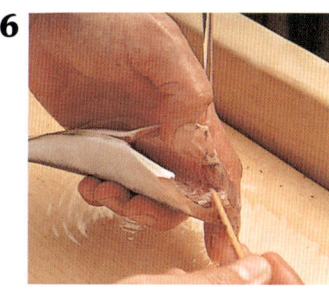
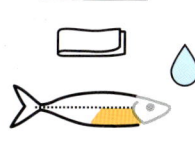

흐르는 물에서 대나무 꼬치를 사용해 핏덩어리를 긁어내고 깨끗하게 씻어낸다. 행주로 물기를 잘 닦는다.

7
세장 뜨기를 한다

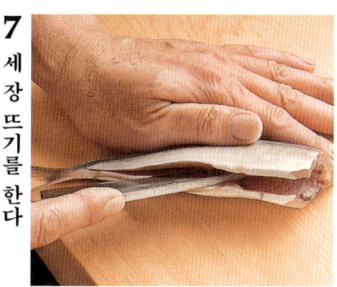
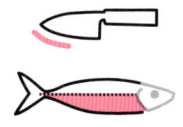

꼬리를 왼쪽, 배를 앞쪽으로 두고, 칼끝을 뱃속에 넣어 척추뼈 연결 부위를 자른다. 그대로 가운데뼈 위를 꼬리 쪽으로 잘라낸다.

8

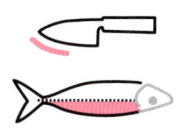

배를 앞쪽, 꼬리를 오른쪽을 향해 돌려놓고, 등지느러미 위를 따라 칼날을 크게 사용해서 등살을 잘라 나간다.

9

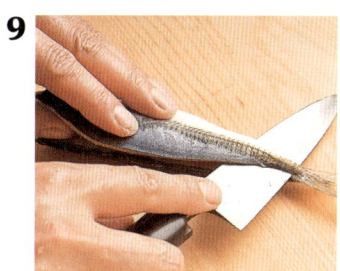
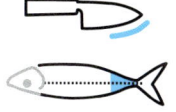

칼끝이 위를 향하도록 돌려 잡고 살과 척추뼈의 사이에 꽂아 넣어, 그대로 꼬리쪽을 향해 칼날을 움직여서 한쪽 살을 잘라낸다.

10

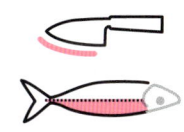

잘라낸 면이 아래로, 등이 앞쪽을 향하게 두고, 칼날을 눕혀 등에서부터 척추뼈까지 가운데뼈 위를 잘라 나간다.

모비늘 제거법

1 모비늘을 제거한다

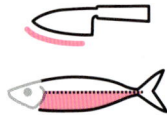
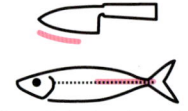

왼쪽 배가 앞쪽을 향하도록 대가리를 두고, 꼬리지느러미 연결 부위의 모비늘의 끝에 칼날을 대고 대가리 쪽을 향해 밀어내듯이 베어낸다.

2

등의 능선을 따라 있는 작은 모비늘은 다른 비늘과 마찬가지로 칼날을 세워 꼬리에서 대가리 쪽으로 벗겨낸다.

11

꼬리를 오른쪽, 배를 앞쪽을 향해 돌려놓고, 꼬리 쪽에서 가운데뼈 위를 잘라나가며 배뼈 연결 부위를 자른다.

12

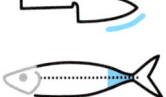

칼끝이 위를 향하도록 돌려 잡고, 칼끝을 살과 척추뼈 사이에 꽂아 넣어 꼬리 쪽을 향해 잘라서 분리한다(다른 한쪽도 동일).

13 배뼈를 제거한다

껍질 면을 아래로 두고, 칼끝을 위로 하여 배뼈 연결 부위를 자른 후, 칼을 바꿔 잡고 배뼈를 얇게 비스듬히 베어낸다.

14 잔가시를 뽑는다

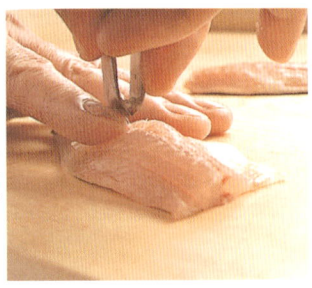
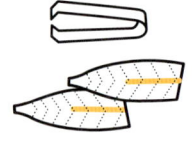

잔가시 앞부분을 왼손으로 더듬어서 찾는다. 으스러지지 않도록 가시 주변의 살을 눌러 뼈 집게로 잔가시를 뽑는다.

종편형
생선

바다 밑바닥에 서식하는 물고기에게서
자주 볼 수 있는 형태다.
대가리가 크기 때문에 수율은 높지 않지만,
비교적 손질하기 쉬운 형태다.
참고로 아귀는 납작한 모습이지만,
대가리를 제거한 뒤의 몸이 종편형이어서,
이 장에서 다룬다.

쑤기미

손질/츠다 신

stonefish

rascasse okozé

pesci pietra

虎魚 [おこぜ]

◎ 등지느러미 끝에는 독이 있는 가시가 있다. 손질하기 전에 제거해둔다.

◎ 피부 표면은 꽤 더러운데다가 피부가 부드러워서 이물질이 파고들어 있는 경우가 많다. 수세미나 무명천으로 깨끗하게 씻어낸다.

◎ 부드러운 피부는 살 위에서 늘어져 쉽게 움직이기 때문에 손질할 때는 생선을 누르고 있는 왼손으로 피부를 당겨서 팽팽한 상태로 만들면 칼질하기가 쉽다.

◎ 익살스러운 생김새를 살려서 통째로 손질해 튀김으로 사용하기도 한다.

양면 뜨기

1 피부의 불순물을 제거한다

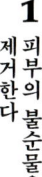

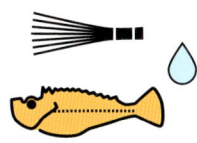

쑤기미의 피부는 꽤 더러우니 흐르는 물에 담가 사사라 등으로 깨끗하게 씻어낸다.

6 대가리·내장을 제거한다

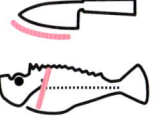

왼손으로 가슴지느러미를 잡고, 가슴지느러미 끝에서 아가미 옆으로 칼을 넣어, 배를 향해 세로로 피부에 칼집을 낸다.

2 등지느러미를 떼어낸다

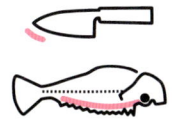

대가리를 오른쪽, 등을 앞쪽으로 둔다. 왼손으로 피부를 배 쪽으로 당기고, 칼날로 등지느러미 가장자리에 칼집을 넣는다.

7

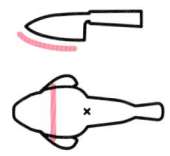

그대로 빙 둘러서 반대쪽 가슴지느러미 끝까지 배 쪽 피부를 자른다. 배가 위를 향한 상태다.

3

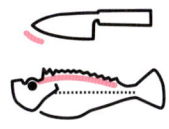

생선을 뒤집어서 대가리를 왼쪽, 등을 앞쪽으로 둔다. 반대쪽 등지느러미 가장자리에도 칼집을 넣는다.

8

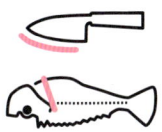

왼손으로 가슴지느러미와 배지느러미를 들어 올려서 지느러미 가장자리, 목살 아랫부분에 칼을 넣고 사선으로 자른다.

4

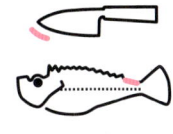

꼬리 연결 부위의 등지느러미 끝을 자른다.

9

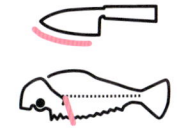

왼손으로 지느러미를 잡아당기면서, 등을 향해 더 깊이 자른다. 턱 아래쪽 내장 연결 부위는 자르지 않는다.

5

등지느러미를 칼뿌리로 누르면서 왼손으로 꼬리를 당겨 등지느러미를 칼로 뽑아내듯 제거한다.

10

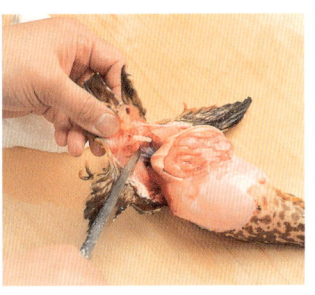
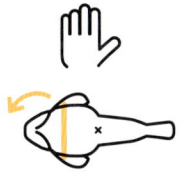

왼손으로 목살을 들어 올리면, 내장이 튀어나온다.

11 배뼈를 떼어낸다

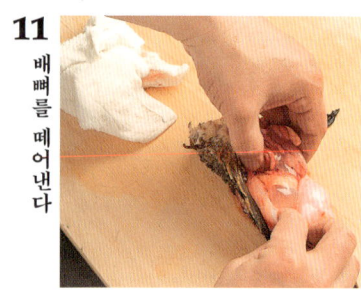 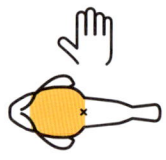

왼손으로 대가리를 누르고, 오른손으로 내장을 잡아 뱃속에서부터 잡아서 꺼낸다. 내장은 대가리와 붙어 있다.

16

대가리에서 내장을 잘라낸다. 대가리를 물에 씻고 물기를 잘 닦아둔다.

12

 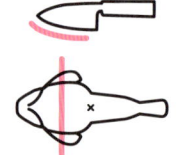

왼손으로 대가리와 내장을 함께 잡고, 목살 아래에서부터 내장째로 대가리를 잘라낸다.

17

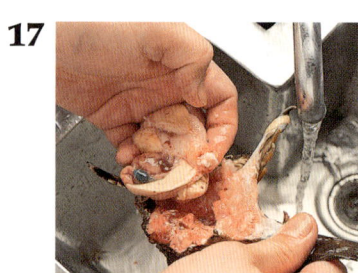

내장의 안, 앞쪽에 보이는 것이 간이다. 새끼손가락 끝에 있는 검은 구슬이 쓸개(담낭)이다.

13 물로 씻어낸다

 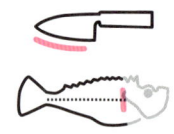

턱과 살의 연결 부위(배 쪽)에 있는 핏덩어리 부분에 사선으로 칼을 넣는다.

18

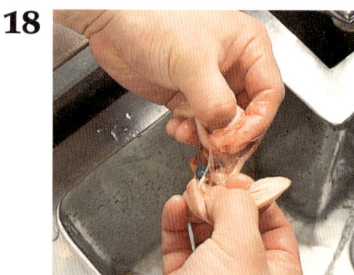

쓸개를 터뜨리지 않도록 주의하면서 손가락으로 간을 빼낸다.

14

 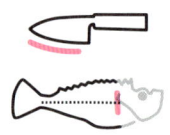

반대쪽도 같은 방법으로 칼을 넣어, 핏덩어리를 잘라낸다.

19 세 장 뜨기를 한다

 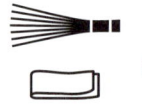

배를 앞쪽, 꼬리를 왼쪽으로 둔다. 칼을 오른쪽으로 눕혀서 배에서 꼬리 연결 부위까지 스치듯이 자른다.

15

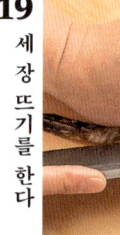 

흐르는 물에 담가서 사사라로 핏덩어리나 내장이 붙어 있던 부분을 깨끗하게 씻고, 물기를 잘 닦아낸다.

20

 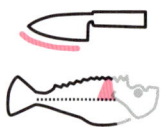

척추뼈에 닿을 때까지 자른 후, 다시 한번 칼을 넣고 척추뼈 위를 따라 대가리 연결 부위까지 더 깊게 자른다.

21

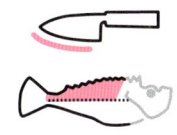

꼬리를 향해 척추뼈 위를 스쳐 지나가듯이 자르면서, 분리된 살을 왼손으로 잡아당기며 잘라낸다.

26

3장으로 손질한 모습

22

배가 앞쪽, 꼬리가 오른쪽을 향하도록 뒤집는다. 왼손으로 생선을 누르고, 칼을 오른쪽으로 눕혀서 꼬리 연결 부위에서 배 쪽으로 칼집을 넣는다.

27

배뼈를 떼어낸다

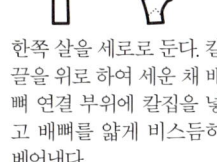

한쪽 살을 세로로 둔다. 칼끝을 위로 하여 세운 채 배뼈 연결 부위에 칼집을 넣고 배뼈를 얇게 비스듬히 베어낸다.

23

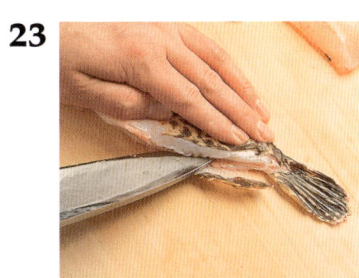
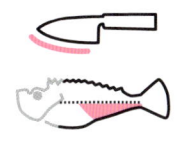

가운데뼈 위를 스쳐 지나가듯이, 대가리 쪽을 향해 배를 갈라 나간다.

28

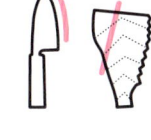

칼을 세워서 배뼈 부분을 잘라낸다. 배뼈의 척추뼈 부위에 있는 잔가시와 함께 얇게 비스듬히 베어낸다.

24

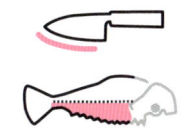

꼬리를 왼쪽, 등을 앞쪽으로 둔다. 등지느러미를 제거한 자리에 칼을 넣고 왼손으로 분리된 살을 잡아 벌리며 더 깊이 자른다.

29

다른 한쪽 살도 같은 방법으로 배뼈 부분을 잘라낸다.

25

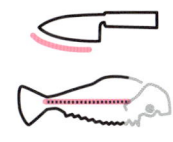

척추뼈를 따라 등의 가운데 뼈 위를 스쳐 지나가듯이 잘라내며 나머지 한쪽 살도 발라낸다.

통째로 사용할 때의 손질법

1 내장을 꺼낸다

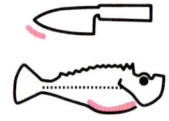

등지느러미를 제거한 쑤기미를 대가리를 오른쪽, 배를 앞쪽으로 둔다. 내장이 손상되지 않도록 주의하며 항문까지 배를 가른다.

6 아가미를 제거한다

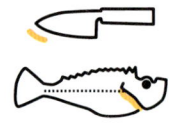

칼끝을 아가미 안에 꽂아 넣고, 왼손가락으로 아가미덮개를 잡고 눌러서 벌린다.

2

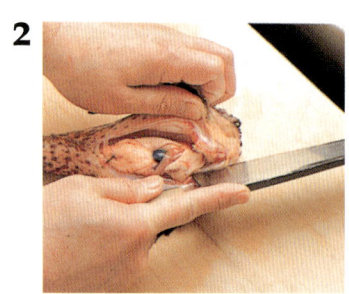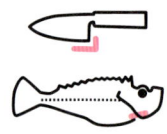

턱 아래에도 칼을 넣고, 내장을 오른손으로 잡아서 꺼낸다.

7

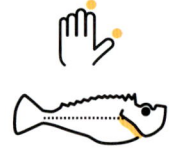

왼손 엄지와 검지로 아가미를 잡고, 칼끝을 더욱 깊게 꽂아서 아가미 연결 부위를 자른다.

3

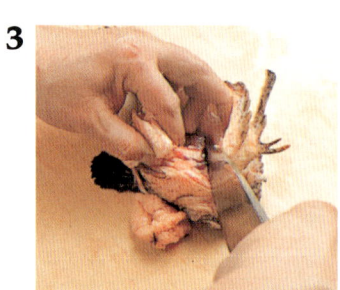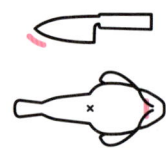

왼손으로 배를 벌리고, 턱과 내장 연결 부위를 자른다.

8

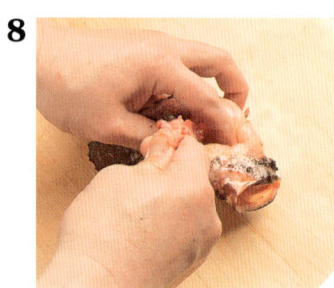

왼손으로 대가리를 누르면서 오른손가락으로 아가미를 잡아당기고, 그대로 뽑아서 제거한다. 반대쪽 아가미도 같은 방법으로 제거한다.

4

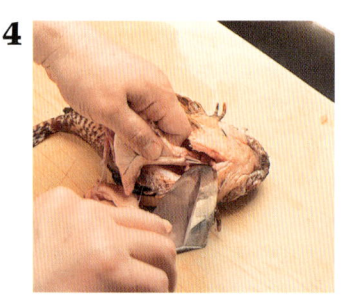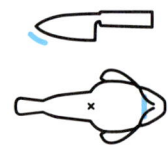

간이 손상되지 않도록 주의하면서, 반대쪽 연결 부위도 칼끝을 위로 한 채 잘라서 내장을 제거한다.

9 물로 씻어낸다

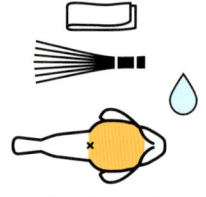

흐르는 물에 담가 사사라로 뱃속을 깨끗하게 씻어내고 물기를 닦는다.

5

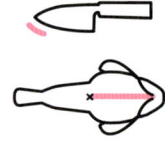

칼끝으로 핏덩어리를 긁어서 제거한다.

10 배뼈를 분리한다

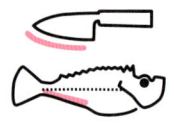

대가리는 오른쪽, 배는 앞쪽으로 둔다. 칼을 오른쪽으로 눕혀서 항문에서부터 꼬리 연결 부위까지 칼집을 넣는다.

11

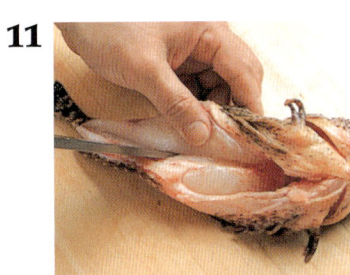

칼집에 다시 칼을 넣고 가운데뼈를 스쳐 지나가듯, 잘라낸 살을 왼손으로 젖혀가며 척추뼈에 닿을 때까지 깊게 자른다.

16

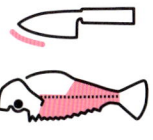

대가리를 왼쪽, 등을 앞쪽으로 두고, 같은 방법으로 다른 한쪽 살을 가운데뼈에서 잘라서 분리한다.

12

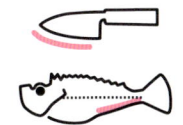

대가리는 왼쪽, 배는 앞쪽을 향해 돌려놓는다. 가운데뼈 위를 스쳐가듯 꼬리 연결 부위에서 대가리 방향으로 가른다.

17

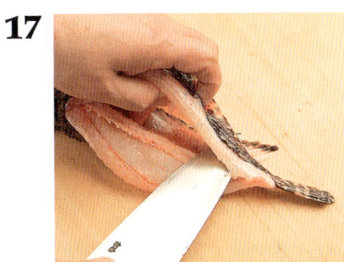
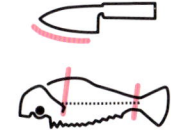

벌린 살의 가장자리를 따라 꼬리 연결 부위에서 가운데뼈를 잘라낸다. 척추뼈와 목살 연결 부위도 가운데뼈를 잘라낸다.

13

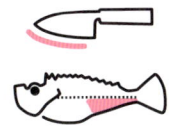

다시 칼을 넣고, 잘라낸 살을 왼손으로 젖혀서 들어 올리며, 척추뼈에 닿을 때까지 깊게 가른다.

14

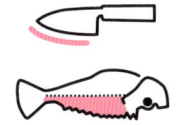

대가리가 오른쪽, 등이 앞쪽을 향하도록 돌려놓고, 왼손으로 등지느러미 살을 젖히며 가운데뼈 위를 지나가듯이 잘라낸다.

15

등뼈를 따라 칼을 움직이면서, 한쪽 살을 가운데뼈에서 발라낸다. 단, 살은 꼬리 연결 부위에서 연결된 상태로 둔다.

성대

손질/노자키 히로미츠

🇬🇧 **gurnard**

🇫🇷 **grondin**

🇮🇹 **gallinella/capone**

🇯🇵 **魴鮄** [ホウボウ]

x

중편형 생선 | 성대

◎ 미끄러지지 않도록 칼등으로 문질러서 미끈거림을 제거한 후 작업한다.
◎ 대가리가 크기 때문에 수율을 높이고자 ︿자 모양으로 대가리를 잘라낸다.
◎ 생선의 방향을 바꾸지 않고 뱃살, 등살 순으로 손질해간다.

한면 뜨기

1

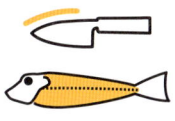

칼등으로 가볍게 훑어서 미끈거림을 제거한다.

2 대가리 · 내장을 제거한다

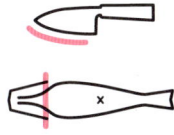

대가리를 왼쪽, 배를 위로 향해 돌려두고, 칼을 비스듬히 기울여서 배지느러미 연결 부위에 칼집을 넣는다.

3

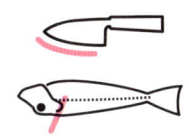

대가리를 왼쪽, 배를 앞쪽을 향해 도마에 올려두고, 대가리에 비스듬히 칼집을 넣는다.

4

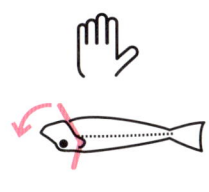

대가리를 분리한다. 단면이 V 형태가 된다.

5

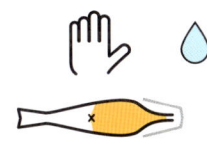

대가리가 붙어 있는 채로 내장을 당겨서 분리한다. 뱃속의 핏덩어리는 물로 씻어낸다.

6 한쪽 살을 발라낸다

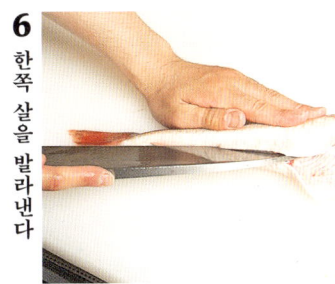
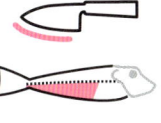

꼬리를 왼쪽, 배를 앞쪽으로 두고, 뒷지느러미 위에 칼을 넣어 미끄러지듯이 움직여서 뱃살을 손질한다.

7

살을 살짝 젖히면서, 척추뼈 위에 칼을 대고 배뼈를 잘라가며 뱃살을 분리한다.

8

한쪽 살을 발라낸 뒤, 꼬리를 왼쪽, 배를 앞쪽으로 두고, 등살을 잘라서 분리한다.

9

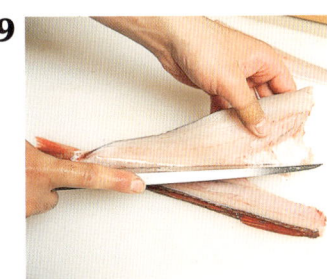
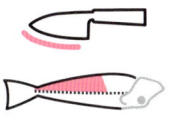

살을 살짝 젖히면서, 척추뼈 위에 칼을 대고 배뼈를 잘라가며 뱃살을 분리한다.

10

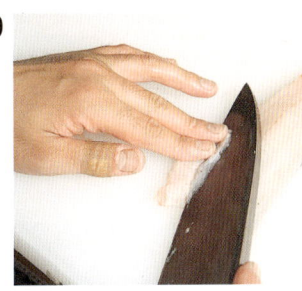
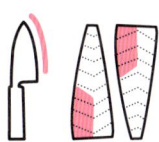

배뼈가 왼쪽으로 오도록 한쪽 면 각각을 세로로 둔다. 배뼈를 긁어서 제거한다.

양태

손질/야마모토 마사아키

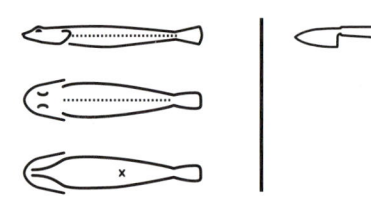

flathead

platycéphale indien

鯒 [コチ]

◎ 몸이 큰 종편형 생선이기 때문에 칼을 눕히지 않고 세로로 칼집을 넣는다.
◎ 척추뼈 양옆과 등지느러미 양옆에 세로로 칼집을 넣고, 마지막으로 가로로 칼을
　움직여 칼집을 이어주듯이 살을 분리한다.

종편형 생선 | 양태

양면 뜨기

1 대가리·내장을 제거한다

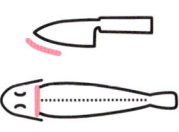

대가리가 왼쪽을 향하게 도마에 올려두고, 대가리 연결 부위에 칼집을 넣는다.

2

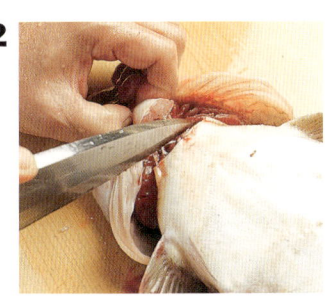
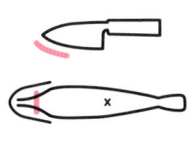

뒤집어서 목 아래를 가로로 자른다.

3

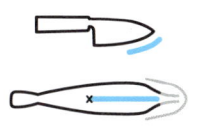

칼끝이 위로 오도록 돌려 잡고 항문에서부터 **2**의 절단면을 향해 배를 가른다. 내장을 꺼내고 대가리를 잘라낸다.

4

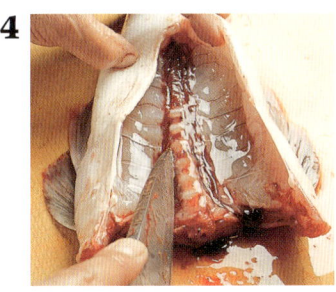
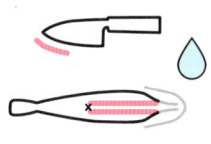

척추뼈 연결 부위의 양옆에 세로로 칼집을 넣고, 흐르는 물로 핏덩어리를 씻어낸다.

5 한쪽 살을 발라낸다

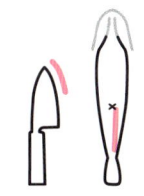

꼬리가 앞쪽을 향하도록 뒤집고, 뒷지느러미 오른쪽 옆을 깊게 자른다.

6

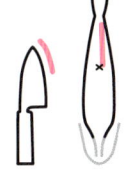

대가리를 앞쪽을 향해 돌려놓고, 뒷지느러미 오른쪽 옆을 깊게 자른다.

7

대가리가 앞쪽을 향하도록 뒤집고, 등지느러미 오른쪽 옆을 깊게 자른다.

8

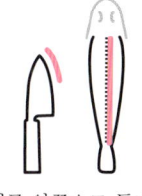

꼬리를 앞쪽으로 둔다. 다시 한번 등지느러미 오른쪽 옆을 깊게 자른다.

9

꼬리를 오른쪽, 배를 앞쪽으로 놓고, 배지느러미 위에 칼을 꽂아서 **5**와 **7**의 칼집이 이어질 수 있도록 잘라서 한쪽 살을 발라낸다.

10 다른 한쪽 살을 발라낸다

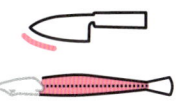

뒤집어서 등지느러미 위에 칼을 꽂아서 **8**의 칼집과 **6**의 칼집이 이어질 수 있도록 자르면 다른 한쪽 살이 발라진다.

아귀

손질/노자키 히로미츠

angler

baudroie/lotte

rana pescatrice/coda di rospo

鮟鱇 [アンコウ]

흰 살 생선 | 아귀

◎ 몸이 크고 부드러우며 쉽게 미끄러지기 때문에 전문점에서는 줄에 매달아 놓고
　손질하지만, 여기서는 도마 위에 올려두고 손질하는 방법을 소개한다.
◎ 아귀의 뼈는 전골 요리의 재료로써 귀하게 여겨지기 때문에 각각 따로 해체한다.
◎ 아귀의 위 역시 귀한 재료 중 하나이지만 부패의 주범이기 때문에 시장에 판매되
　고 있는 아귀는 배를 갈라서 위의 내용물을 제거해놓은 것이 많다.
◎ 살도 뼈도 부드러워서 다이묘 뜨기를 한다.

다이묘 뜨기

1
지느러미를 제거하고 껍질을 벗긴다

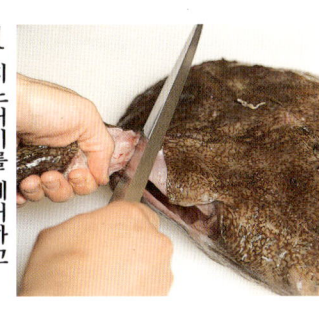

대가리를 왼쪽으로 두고, 가슴지느러미를 관절에서 잘라낸다.

2

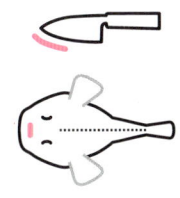

입 아래에서 턱까지 늘어진 살을 잘라서 분리한다.

3

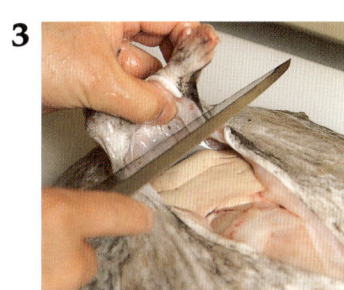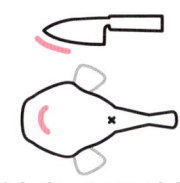

배가 위로 오도록 뒤집고, 갈라진 배에 칼을 꽂아 넣어 껍질째 배지느러미를 잘라낸다.

4

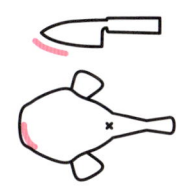

입 끝에 칼을 넣어 턱뼈를 따라 입 연결 부위의 껍질을 가른다.

5

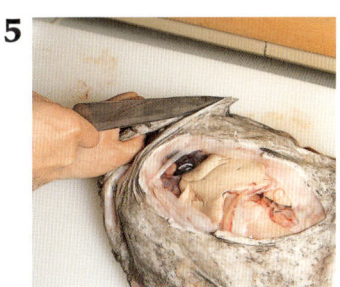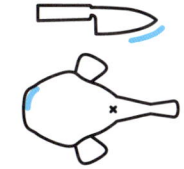

칼끝을 위로 하여, 입 끝에서부터 턱뼈를 따라 반대쪽 입 연결 부위의 껍질을 가른다.

6

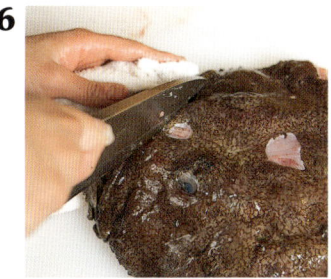

다시 등이 위로 오도록 뒤집는다. 이빨이 날카로우니 입에 천을 물려둔다.

7

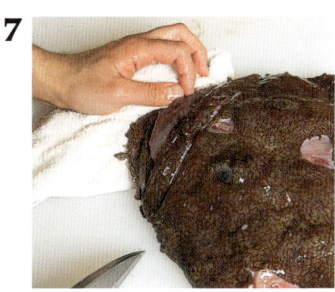

입 연결 부위에 세로로 칼집 하나를 넣는다.

8

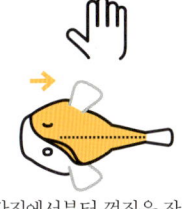

칼집에서부터 껍질을 잡고, 꼬리 쪽을 향해 잡아당기면 껍질이 벗겨진다.

9

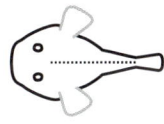

양말을 벗듯이, 껍질을 완전히 당겨서 분리한다.

10
대가리·내장을 제거한다

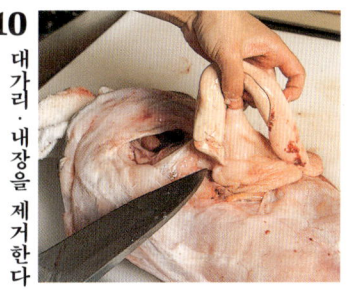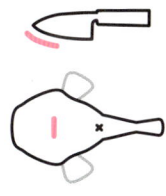

뒤집어서 간을 잡아당겨 꺼낸 뒤 잘라서 분리한다.

11

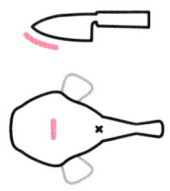

터지지 않도록 조심하며 쓸개(담낭)를 잘라서 제거한다.

12

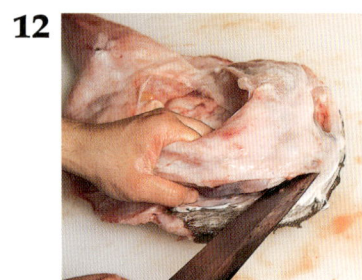

대가리를 오른쪽에 두고, 칼끝을 위로 하여 턱의 연결 부위를 가른다.

13

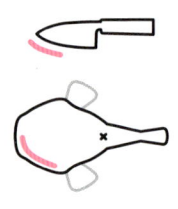

돌려서 대가리를 왼쪽에 두고, 목 아래에 칼을 넣는다.

14

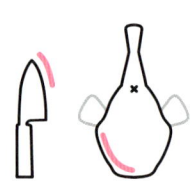

몸을 돌려가며, 목 아래의 살을 턱뼈로부터 둥글게 잘라낸다.

15

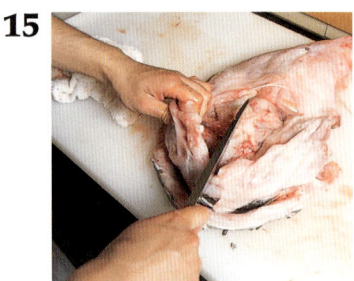
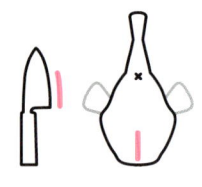

입에 세로로 칼을 넣고, 턱뼈 연결 부위를 자른다.

16

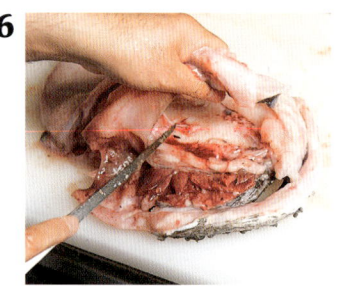

아가미 연결 부위를 자른다.

17

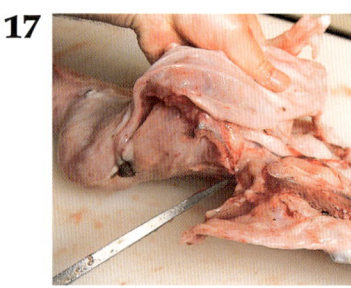
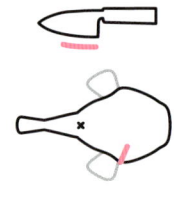

목살을 들어 올려서, 목살 윗부분의 척추뼈에 닿을 때까지 칼집을 넣는다.

18

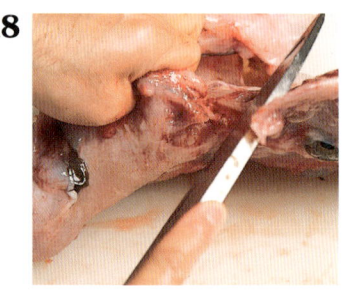
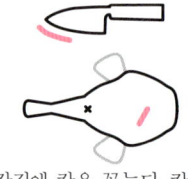

칼집에 칼을 꽂는다. 칼뿌리를 사용해 복부를 향하여 비스듬히 가볍게 칼을 넣는다.

19

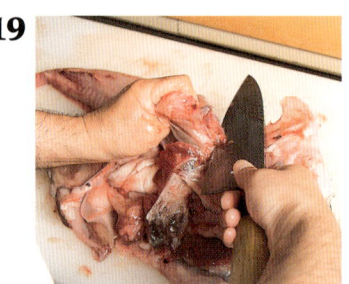
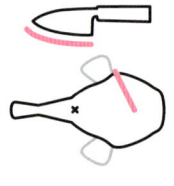

반대쪽 목살에도 **17~18**을 반복한다.

20

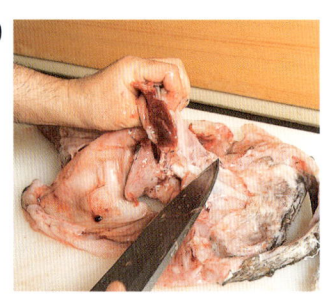
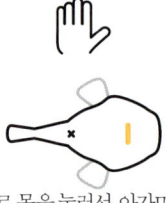

칼로 몸을 눌러서, 아가미를 왼손으로 잡고 왼쪽으로 잡아당긴다.

내장, 뼈의 밑손질

21

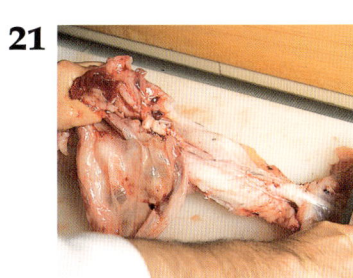

아가미와 함께 목살와 내장을 당겨서 분리한다.

1

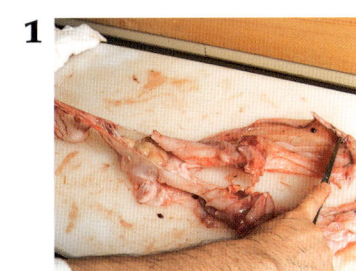

목살에서 아가미와 내장을 잡아당겨서 떼어낸다.

22

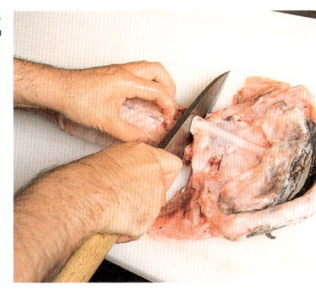

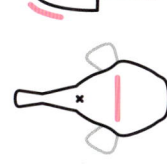

대가리뼈를 척추뼈에서 잘라낸다.

2

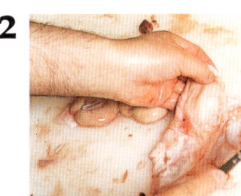

내장에서 아가미를 잘라서 떼어낸다.

23

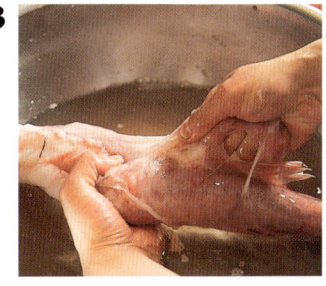

물을 받은 볼에 옮겨서, 살의 표면에 있는 얇은 막을 벗겨낸다.

3

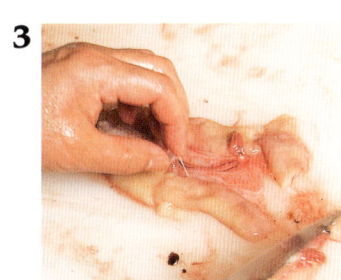

장을 가르고, 안쪽의 내용물을 훑어서 꺼낸다.

24

다이묘 뜨기를 한다

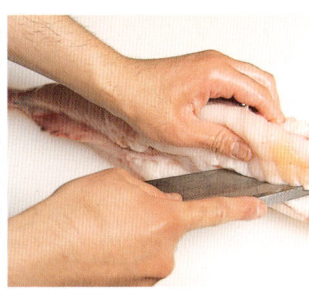

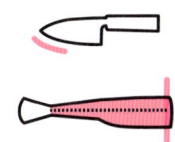

꼬리는 왼쪽, 배는 앞쪽으로 두고, 척추뼈 위에서 꼬리를 향해 평평하게 움직이며 한 번에 잘라낸다.

4

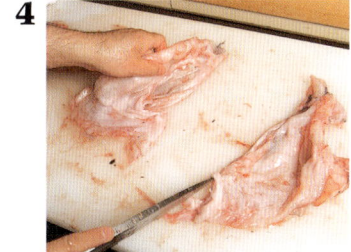

내용물을 잘 꺼낸 다음, 뼈를 두 개로 나눈다.

25

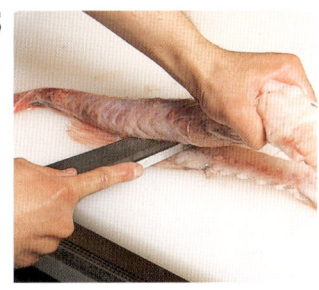

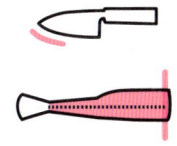

다른 한쪽 살도 같은 방법으로 다이묘 뜨기로 가운데뼈에서 분리한다.

5

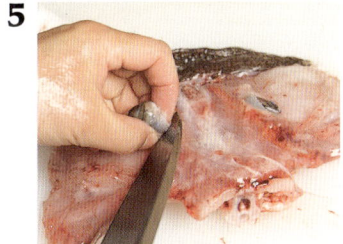

대가리에서 눈을 잘라낸다.

6

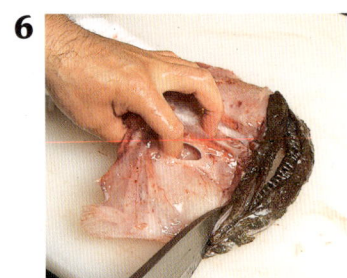

대가리에서부터 피부에 붙어 있는 입술 부분을 잘라낸다.

8

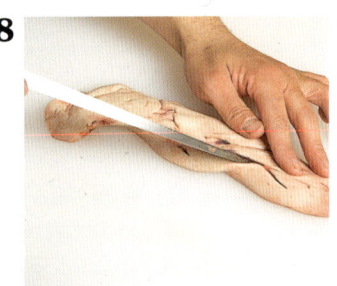

간의 혈관을 칼날로 가른다.

7

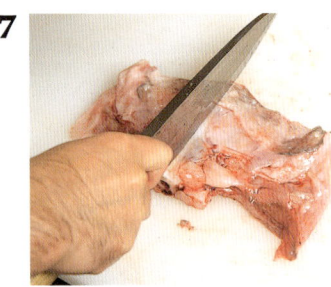

대가리뼈를 세로로 반 자른다.

9

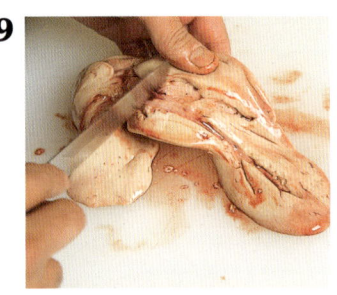

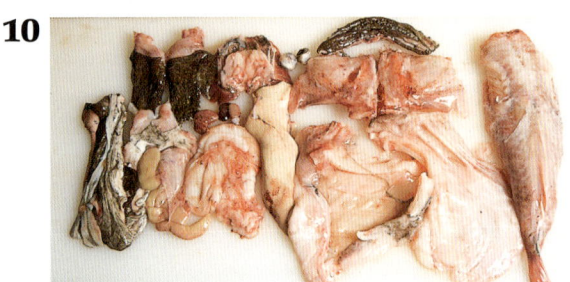

금속주걱으로 문질러서 피를 훑어낸다. 1.5% 농도의 소금물을 받아놓은 볼에 1시간 정도 담가서 피를 뺀다.

10

밑손질이 끝난 내장과 아귀의 몸.

방추형 생선

헤엄을 가장 잘 치는 생선으로 붉은 살을 가진 것이 특징이다.
몸이 큰 데다가 그 형태의 특성상 살이 쉽게 갈라지므로,
다룰 때 세심한 주의가 필요하다.

가다랑어

손질/엔도 토시오

🇬🇧 bonito

🇫🇷 bonite

🇮🇹 tonnetto/bonito

🇯🇵 鰹 [カツオ]

◎ 등지느러미에서부터 가슴지느러미에 걸쳐 있는 단단한 비늘은 껍질째 얇게 비스듬히 베어낸다.

◎ 가다랑어의 등지느러미는 매우 단단해서 미리 제거하기도 하지만, 가운데뼈에 등지느러미를 붙인 상태로 손질하는 편이 살이 잘 갈라지지 않는다.

◎ 아래쪽 살은 껍질이 붙은 면이 아래로, 가운데 뼈가 위로 가도록 도마에 올려둔 채로 척추뼈에서 분리한다.

◎ 세 장 뜨기를 한 뒤, 살이 갈라지지 않도록 한쪽 살의 혈합육 부분에 칼집을 한 줄 넣어둔다.

한면 뜨기

1
아가미와 내장을 제거한다

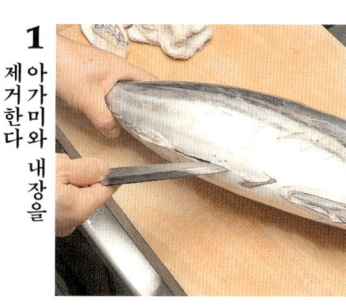

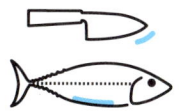

대가리를 오른쪽으로 두고, 왼손으로 꼬리를 잡는다. 칼끝을 위로 하여 항문에서부터 배지느러미 부근까지 가른다.

6

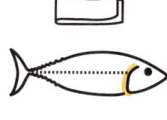

행주로 아가미덮개 안의 물기를 깨끗하게 닦아낸다.

2

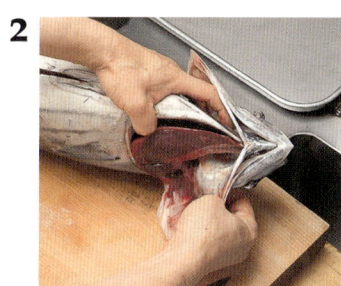

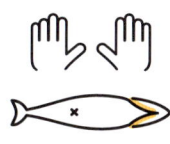

양손으로 좌우 아가미덮개를 비틀어서 벌린다.

7

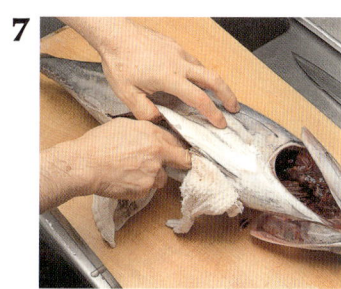

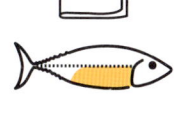

뱃속의 물기도 행주로 잘 닦아낸다.

3

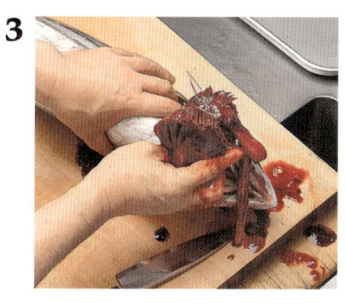

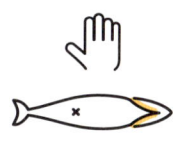

왼손으로 몸을 가볍게 눌러가며, 오른손으로 아가미를 잡고 당겨서 꺼낸다.

8

키친타월 등을 둥글게 말아서 아가미덮개 안에 넣고 남아 있는 피를 빠짐없이 닦아낸다. 이렇게 하면 비린내가 나지 않는다.

4

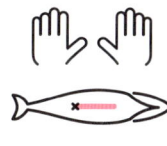

뱃속에 양손을 넣고 내장을 잡아당겨서 꺼낸다.

9
한쪽 살을 발라낸다

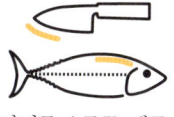

대가리를 오른쪽, 배를 앞쪽으로 두고 왼손으로 꼬리를 잡는다. 칼을 왼쪽으로 눕혀서 등지느러미 부근의 비늘을 껍질째 얇게 비스듬히 베어낸다.

5
물에 씻어낸다

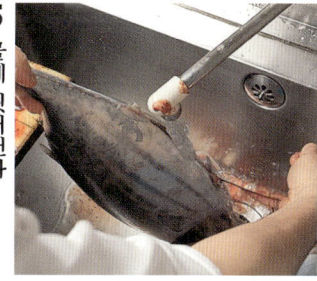

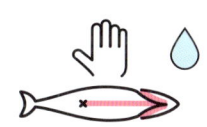

흐르는 물에서 뱃속의 불순물과 피를 깨끗하게 씻어낸다. 살이 손상되지 않도록 사사라 대신 손가락으로 핏덩어리를 긁어서 제거한다.

10

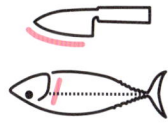

대가리를 왼쪽, 배를 앞쪽으로 둔다. 왼손으로 가슴지느러미를 잡아 올려서 지느러미 가장자리에서부터 사선으로 칼을 넣는다.

11

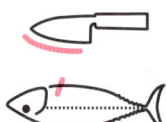

왼손으로 배지느러미를 들어 올려서, 배를 갈라낸 칼집 부분까지 자른다.

12

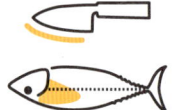

왼손으로 가슴지느러미를 잡고 몸을 누른다. 칼을 오른쪽으로 눕혀서 배지느러미 부근의 비늘을 껍질째 얇게 비스듬히 베어낸다.

13

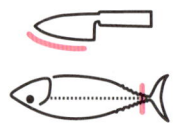

꼬리 연결 부위에 세로로, 척추뼈에 닿을 때까지 칼집을 넣는다.

14

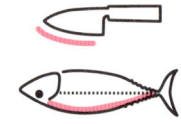

꼬리 연결 부위에서부터 등지느러미를 따라, 대가리 연결 부위까지 칼집을 낸다. 꼬리 연결 부위에 칼을 넣는다.

15

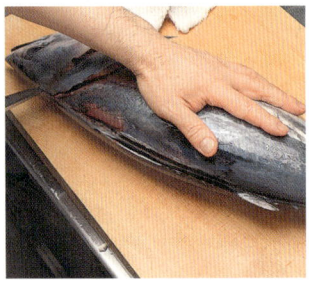
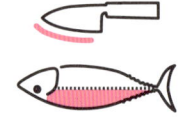

가운데뼈 위를 따라 미끄러지듯이 더욱 깊게 칼날을 넣어, 아가미덮개 위까지 갈라 나간다.

16

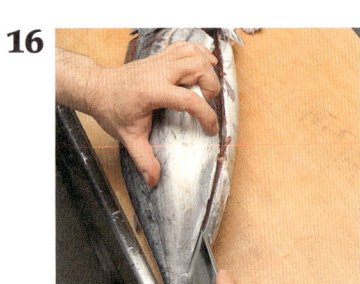
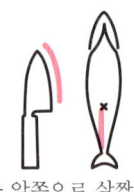

몸을 앞쪽으로 살짝 굴려 배를 위쪽으로 두고, 왼손으로 가볍게 누른다. 항문에서 꼬리 연결 부위까지 배를 가른다.

17

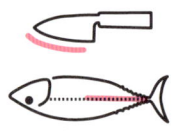

꼬리 연결 부위의 칼집에 칼을 넣고 오른쪽으로 눕혀서 척추뼈를 따라 잘라 나간다.

18

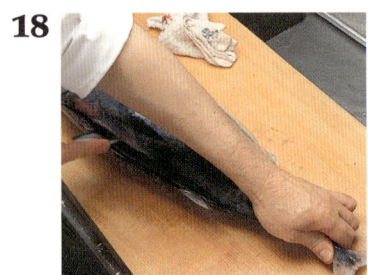
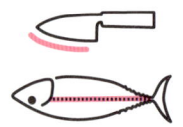

중간까지 가른 후, 왼손으로 꼬리 연결 부위를 누르며 대가리 쪽을 향해 척추뼈 위를 따라 미끄러지듯 칼을 움직인다.

19

이렇게 한쪽 살을 발라냈다. 다른 한쪽 살을 바로 사용하지 않을 때는 대가리에 가운데뼈를 붙인 상태로 보관한다.

20 대가리를 잘라낸다

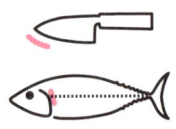

생선을 뒤집어서, 대가리와 척추뼈 접합부를 잘라낸다.

21

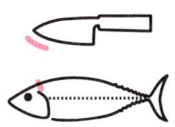

왼손으로 대가리를 잡고, 등살과 대가리가 연결된 부위를 자른다.

26

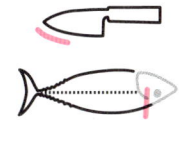

꼬리를 왼쪽, 배를 앞쪽으로 둔다. 칼을 오른쪽으로 눕혀서 어깨 부근에서 가운데뼈 위에 칼날을 넣는다.

22 다른 한쪽 살을 발라낸다

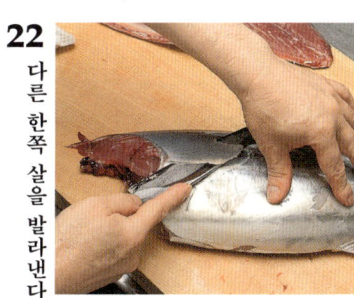
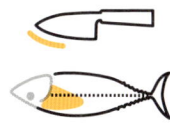

칼을 오른쪽으로 눕혀서, 가슴지느러미 부근의 비늘을 껍질째 얇게 비스듬히 베어낸다.

27

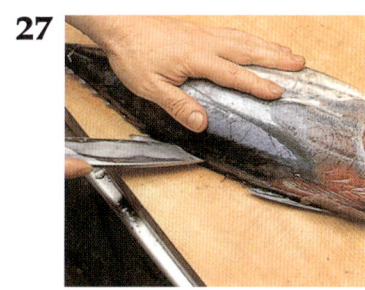
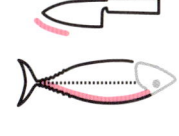

그대로 꼬리 연결 부위를 향해, 가운데뼈 위를 따라 미끄러지듯이 칼을 움직인다.

23

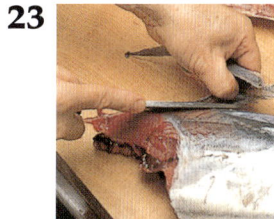

그대로 등지느러미 부근의 비늘도 같은 방법으로 얇게 비스듬히 베어낸다.

28

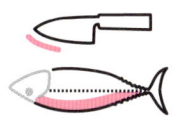

껍질 면을 아래, 꼬리를 왼쪽으로 둔다. 왼손으로 등지느러미를 잡아 올리며, 등 쪽의 칼집에 더욱 깊게 칼을 꽂는다.

24

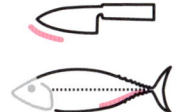

왼손으로 가볍게 몸을 눌러가며, 꼬리 연결 부위에서부터 배까지 칼을 넣어 가운데뼈 위를 따라 미끄러지듯 가른다.

29

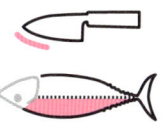

그대로 어깨 부근까지, 가운데뼈 아래를 따라 미끄러지듯 칼을 움직여서 더욱 깊은 곳까지 잘라낸다.

25

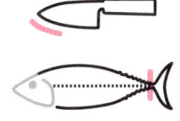

꼬리 연결 부위에서 척추뼈에 닿을 때까지, 세로로 칼집을 넣는다.

30

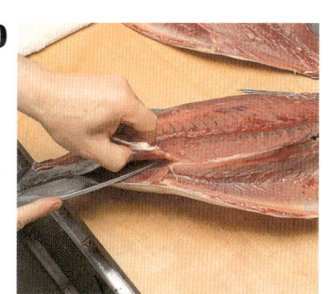
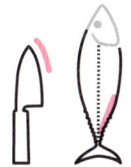

90도로 돌려서 뒷지느러미를 왼손으로 잡고 그 부근의 가운데뼈를 젖히며 꼬리 연결 부위까지 가른다.

등살과 뱃살로 나누기

31

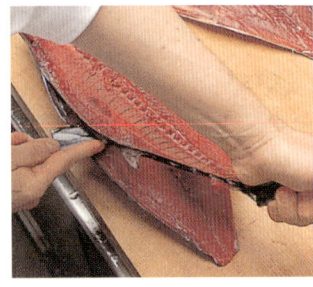
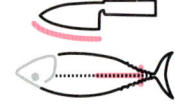

꼬리를 오른쪽으로 두고, 칼을 오른쪽으로 눕혀서 꼬리 연결 부위까지 가운데뼈 아래에 칼집을 넣고, 왼손으로 꼬리를 들어 올리며 가운데뼈를 분리한다.

35

아래쪽 살을 등살과 뱃살로 나눈다

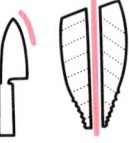

가운데에 한 줄 넣어놓은 칼집에 칼을 넣어, 등살과 뱃살로 잘라 나눈다.

32

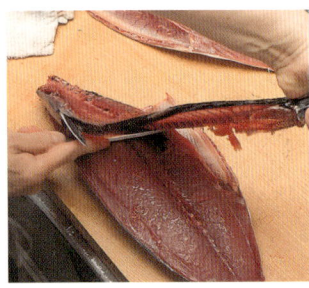
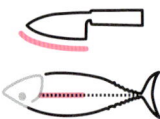

그대로 가운데뼈 아래를 따라 미끄러지듯이 잘라 나가며, 다른 한쪽 살도 한 번에 가운데뼈에서 발라낸다.

36

등살의 모양을 다듬는다.

33

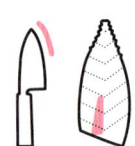

배뼈 위에 남아 있던 핏덩어리를 얇게 비스듬히 베어낸다.

37

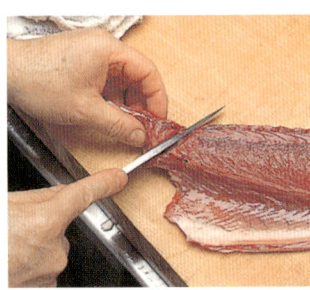
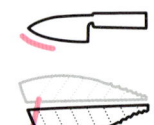

뱃살의 어깨 부근에 잔가시가 있으므로 잘라낸다.

34

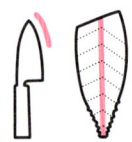

살이 갈라지지 않도록, 가운데의 혈합육 부분을 따라 칼집을 한 줄 넣는다. 혈합육은 뱃살 쪽에 남겨둔다.

38

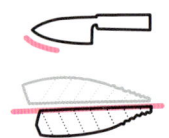

등살 사이에 있는 혈합육을 잘라낸다.

39

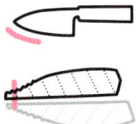

꼬리 쪽 끝부분의 형태를 다듬는다.

40

배뼈를 떼어낸다

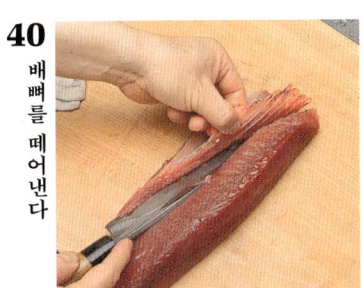
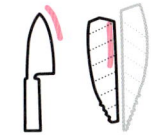

뱃살은 꼬리가 앞쪽을 향하도록 둔다. 칼을 오른쪽으로 눕혀 배뼈 연결 부위에서 배뼈의 진행 방향을 따라 얇게 비스듬히 베어낸다.

45

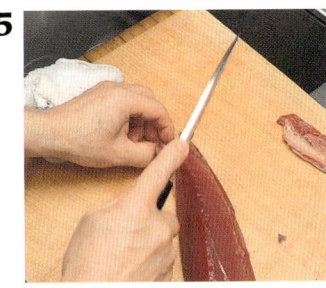
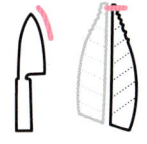

등살의 형태를 다듬는다.

41

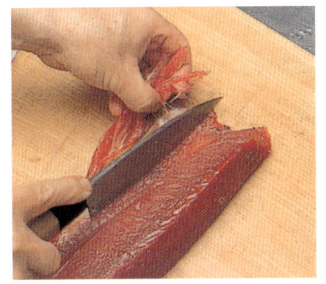

끝까지 잘라냈다면 칼을 세워서 배껍질을 잡아당기며 자르고 배뼈를 떼어낸다.

46

뱃살의 어깨 부근에 잔가시가 있으므로 잘라낸다.

42

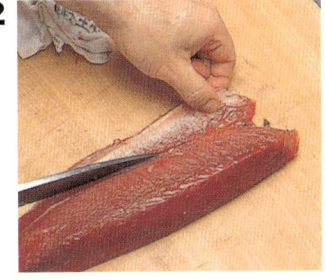

배받이살*을 잘라낸다.
*연어, 참치, 가다랑어 등의 기름진 복부를 가리키는 용어.

47

배뼈를 떼어낸다

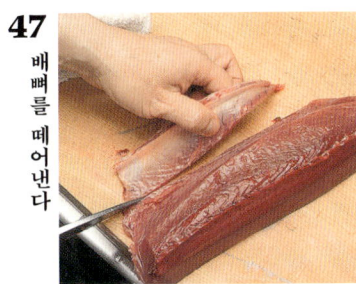

배뼈를 얇게 비스듬히 베어내서 제거한 후, 배받이살을 잘라낸다.

43

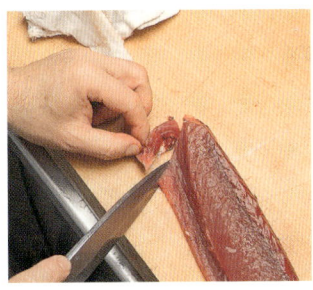

어깨 부근의 배받이살이 붙어 있는 부분에도 잔가시가 있으므로 제거한다.

48

뱃살의 혈합육 부분을 잘라낸다.

44

위쪽 살을 등살과 뱃살로 나눈다

다른 한쪽 살도 혈합육 부분에서 등살과 뱃살로 잘라서 나눈다.

49

어깨 부근의 배받이살에 붙어 있는, 잔가시가 있는 부분을 잘라낸다.

방어

손질/엔도 토시오

yellowtail/amberjack

sériole

seriola

鰤 [ブリ]

◎ 비늘이 매우 얇고 촘촘하므로 야나기바보초로 비늘을 벗겨낸다.
◎ 비늘을 벗겨낼 때는 칼이 매끄럽게 미끄러질 수 있도록 껍질을 물로 적셔둔다.
◎ 내장과 아가미는 대가리를 자르기 전에 제거하는 편이 쉽다.
◎ 대가리는 목살 위에서 잘라내어 대가리와 목살을 따로따로 조리하는 것이 기본이다.
◎ 배 안의 핏덩어리는 비린내가 나므로 사사라 등으로 꼼꼼하게 씻어낸다.

방추형 생선 | 방어

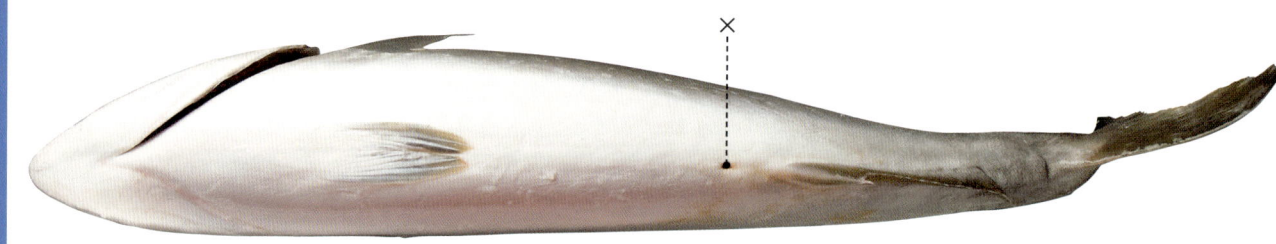

114

양면 뜨기

1 비늘을 스키비키한다

대가리를 오른쪽으로 두고 (반대쪽에서 촬영), 껍질을 물로 적신다. 야나기바보초를 왼쪽으로 눕혀서 꼬리에서 대가리 쪽으로 비늘을 제거한다.

6

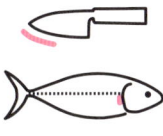

목 부근까지 가른 다음, 칼을 바꿔 잡고 배 안쪽의 내장 연결 부위를 잘라낸다.

2

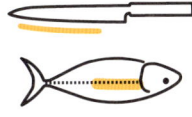

비늘과 껍질 사이에 칼날을 넣고, 껍질이 상하지 않도록 얇게 비늘을 제거해 나간다. 미끄러질 때는 젖은 타월 등을 깔아두면 좋다.

7

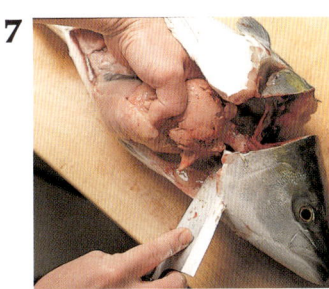
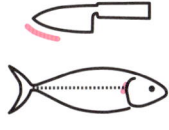

아가미와 내장의 연결 부위도 자르고, 왼손으로 내장을 잡아당겨서 꺼낸다.

3

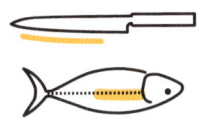

누르고 있는 왼손으로 비늘을 벗길 부분의 살을 살짝 들어 올리면 제거하기 쉽다.

8

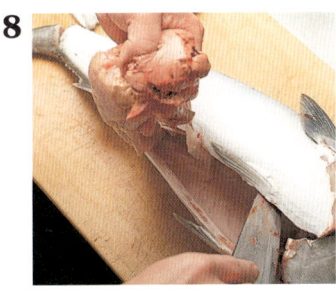

오른손에 쥔 칼로 생선을 고정한 채 왼손으로 잡아당기면, 내장이 깨끗하게 빠져나온다.

4

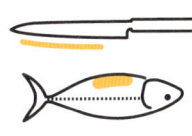

지느러미 가장자리의 비늘은 잘 벗겨지지 않기 때문에, 칼을 세밀하게 움직이면서 조심스럽게 스키비키한다.

9 아가미를 꺼낸다

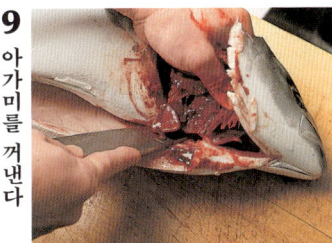
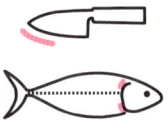

아가미덮개를 비틀어서 벌리고 왼손으로 아가미를 잡은 뒤, 칼날을 넣어 앞쪽 아가미 연결 부위를 자른다.

5 내장을 꺼낸다

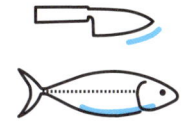

여기서부터는 데바보초를 사용한다. 칼끝이 위로 향하게 돌려 잡고, 항문에서 대가리를 향해 곧게 배를 갈라 나간다.

10

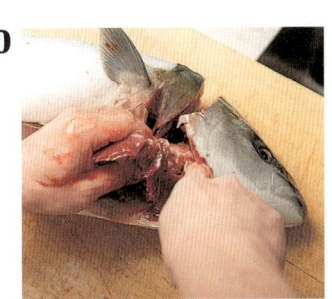
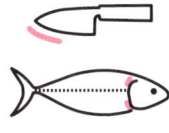

칼을 더욱 깊숙하게 넣어 도려내듯이 반대쪽 아가미 연결 부위도 자른다.

11

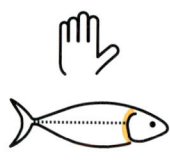
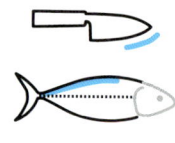

왼손으로 아가미를 잡아당 겨서 꺼낸다.

12

물로 씻어낸다

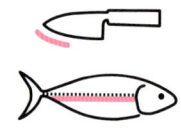

왼손으로 뱃살을 들어 올 려서, 척추뼈 부분에 붙어 있는 핏덩어리를 칼로 긁 어서 제거한다.

13

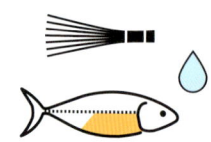

흐르는 물에 담가서 사사 라로 뱃속의 피와 불순물 을 깨끗하게 씻어내고, 행 주로 물기를 잘 닦는다.

14

잘라낸다
목살 위에서 대가리를

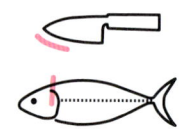

대가리를 왼쪽, 배를 앞쪽 으로 둔다. 왼손으로 아가 미덮개를 들어 올리고. 목 살 위에 칼을 넣어 대가리 를 잘라낸다.

15

세 장 뜨기를 한다

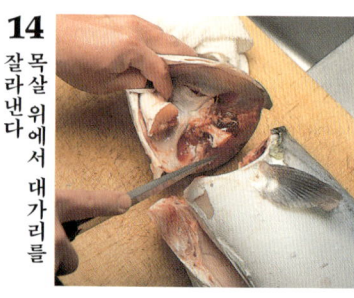
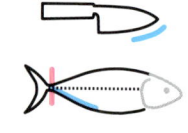

돌려서 꼬리를 왼쪽, 배를 앞쪽으로 둔다. 꼬리 연결 부위에 세로로 칼집을 넣 고, 칼끝을 위로 하여 항문 까지 가른다.

16

꼬리 연결 부위의 칼집에서 부터 지느러미를 따라 칼집 을 넣어간다.

17

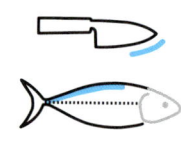

그대로 곧게 대가리 연결 부위까지 등에 칼집을 넣 는다.

18

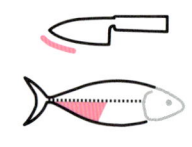

항문과 꼬리 연결 부위 사 이의 절개선에 칼끝을 넣 고, 가운데뼈를 따라 척추 뼈에 닿을 때까지 배를 가 른다.

19

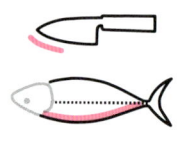

대가리를 왼쪽, 등을 앞쪽 으로 둔다. 꼬리 연결 부위 에서 배지느러미를 따라 낸 칼집에 칼날을 넣고, 더 욱 깊게 갈라 나간다.

20

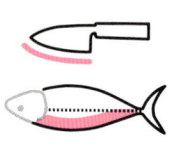

가운데뼈 위를 따라 미끄 러지듯, 곧게 칼을 움직여 간다.

21

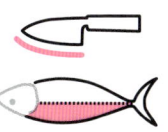

꼬리 연결 부위에서 척추 뼈에 닿을 때까지 칼집을 내어 등살 한쪽을 뼈에서 발라낸다.

22

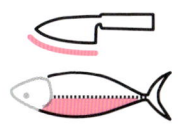

왼손으로 꼬리 연결 부위를 누르고 한번에 대가리까지 잘라낸다. 등살 한쪽을 가운데뼈까지 잘라서 분리한다(반대쪽에서 촬영).

23

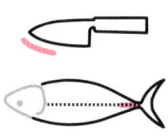

등 쪽의 꼬리 연결 부위가 아직 척추뼈에 붙어 있으므로, 칼을 왼쪽으로 눕히고 칼날로 잘라서 분리한다.

24

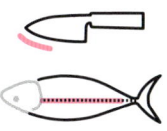

분리한 꼬리 연결 부위를 왼손으로 잡고, 칼을 오른쪽으로 눕혀서 척추뼈 위를 스쳐 지나가듯이 척추뼈에서 잘라서 분리한다.

25

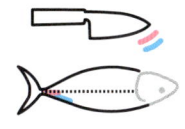

반대로 뒤집어, 꼬리 연결 부위에서 척추뼈에 닿을 때까지 세로로 칼집을 낸다. 그곳에서 칼날로 등에 칼집을 넣는다.

26

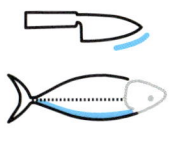

가운데뼈를 따라 미끄러지 듯이, 등지느러미를 따라 대가리 연결 부위까지 칼을 움직인다.

27

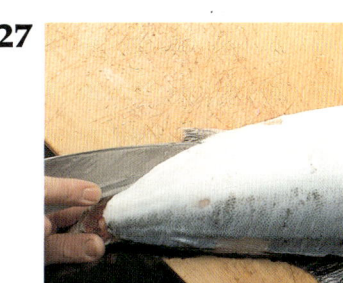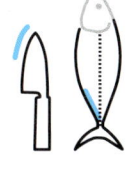

왼손으로 꼬리를 누르고, 꼬리 연결 부위의 칼집에서부터 뒷지느러미까지 칼집을 넣어둔다.

28

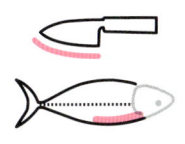

칼을 오른쪽으로 눕혀서 **26**의 칼집에 척추뼈에 닿을 때까지 칼을 넣고, 등지느러미를 따라 잘라낸다.

29

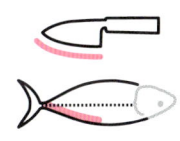

그대로 가운데뼈 위를 따라 미끄러지듯 움직이며, 꼬리 연결 부위에 넣은 칼집까지 한 번에 가른다.

30

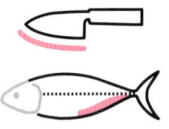

꼬리를 오른쪽으로 돌려놓는다. **27**의 칼집에서부터 척추뼈까지 칼날을 넣고, 가운데뼈 위를 따라 미끄러지듯이 움직인다.

31

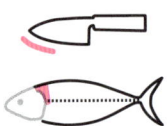

대가리 연결 부위의 살과 척추뼈의 접합부를 조금 힘을 주고 잘라서 분리한다.

32

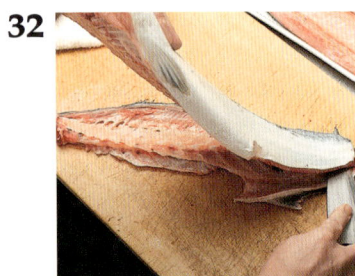
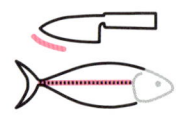

칼을 왼쪽으로 눕히고, 척추뼈의 위를 스쳐 지나가듯 꼬리 연결 부위까지 넣은 칼집까지 움직여서, 척추뼈에서 다른 한쪽 살을 발라낸다.

33

위쪽 살, 가운데뼈, 아래쪽 살의 3장으로 손질한 후의 상태. 대가리는 나중에 처리한다.

34 목살을 자른다

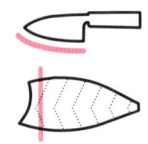

꼬리를 오른쪽, 껍질 면을 위로 오게 두고, 가슴지느러미 바로 아래에서 직선으로 칼을 넣어 목살을 곧게 잘라낸다.

35 배뼈를 떼어낸다

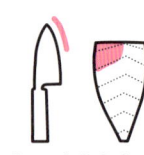

반대로 뒤집어서 꼬리를 앞쪽으로 둔다. 배뼈 연결 부위에서부터 배뼈의 진행 방향을 따라 얇게 비스듬히 베어낸다.

36

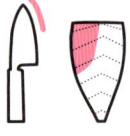

끝까지 잘랐다면, 칼을 세워서 배껍질을 당겨서 자르고, 배뼈를 떼어낸다.

37 등살과 뱃살로 나눈다

살의 가운데를 가로지르는 붉은 혈합육 부분을 따라 등살과 뱃살로 잘라 나눈다. 혈합육은 뱃살 쪽에 남겨둔다.

38

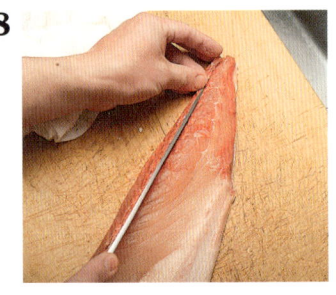
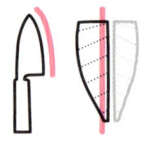

뱃살에 붙어 있는 혈합육을 잘라낸다.

39

이렇게 혈합육을 깨끗하게 자르면, 잔가시가 있는 부분도 함께 떼어낼 수 있다.

대가리 손질하기

1 대가리를 쪼개고 크게 토막낸다

데바보초로 입의 양 끝을 곧게 잘라낸다.

2

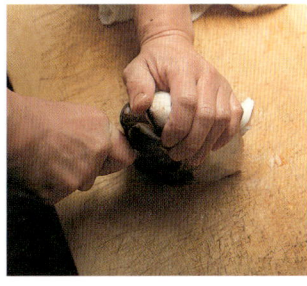

대가리를 세워서 입 한가운데에 칼날을 넣고, 대가리 윗부분부터 한 번에 아래까지 잘라낸다.

3

대가리를 다시 눕혀서 턱이 아래로 오도록 둔다. 턱을 잡아당기며 대가리를 두 개로 쪼갠다.

4

두 개로 쪼갠 대가리를 각각 다시 두 개로 자르고, 적당한 크기로 토막 낸다.

참치

손질/야마모토 마사아키

tuna

thon

tonno

鮪 [마구로]

◎ 혈합육이 남아 있으면 살이 갈변하기 때문에 깨끗하게 제거해둔다.

◎ 높은 수율의 횟감용 덩어리를 얻을 수 있도록 잘라서 나눈다.

◎ 오랜 시간 공기에 닿으면 쉽게 갈변하므로 횟감용 덩어리로 뜨는 것은 최소한으로 작업한다.

◎ 소형 참치는 내장과 대가리를 제거하고 물로 씻은 다음, 거꾸로 매달아 피를 뺀다.

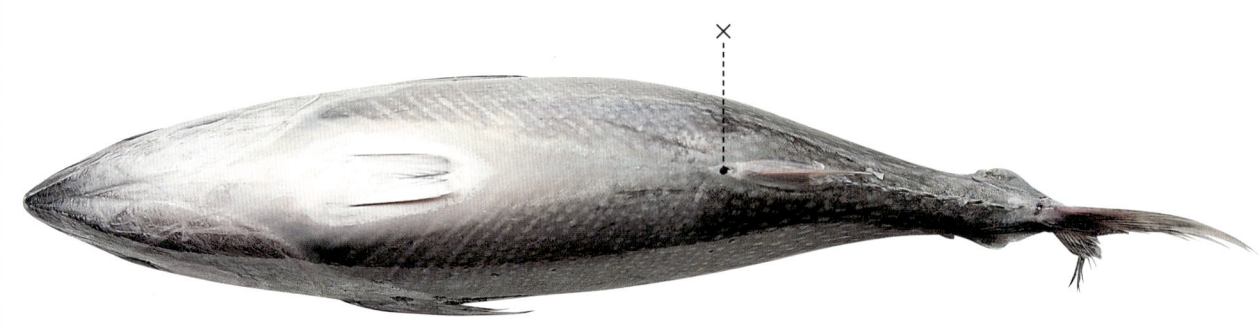

밑손질 생선 | 참치

참다랑어 블록을 횟감용 덩어리로 뜨기

1

참다랑어 블록을 횟감용 덩어리로 뜨기 전에, 손가락을 가볍게 대고 자를 폭을 정한다.

2 혈합육을 제거한다

다섯 장으로 뜨고, 더 세분한 참치(사진은 뱃살의 안쪽). 왼쪽의 검게 변한 부분은 혈합육으로, 먼저 이것을 제거한다.

3

야나기바보초로 혈합육과 붉은 살의 경계를 도려내듯이 잘라 나간다. 혈합육은 남겨두지 않는다.

4

혈합육을 떼어내듯이 잘라낸다. 혈합육이 남아 있으면 비린내와 갈변의 원인이 되기 때문에 깨끗하게 도려낸다.

5

데바보초로 바꿔서, 뱃살의 막을 깨끗하게 비스듬히 베어내서 제거한다.

6 뱃살 안쪽을 횟감용 덩어리로 뜬다

살의 두께가 횟감용 덩어리로 떴을 때의 폭이 되도록, 야나기바보초를 도마와 수평이 되게 눕혀서 척추뼈를 감싼 혈합육의 윗부분을 잘라낸다.

7

회로 썰 두께에 맞춰서 횟감용 덩어리의 폭을 정하고, 야나기바보초를 수직으로 넣는다.

8

껍질에 닿을 때까지 잘라나간 후, 칼끝을 위로 향해 돌려서 잡은 칼을 눕혀서 왼쪽 끝에서 껍질 바로 위를 잘라 횟감용 덩어리로 뜬다.

9

차례로 수직으로 칼집을 넣은 후, 칼끝을 위로 향해 돌려서 잡은 칼을 눕혀서 왼쪽 끝에서부터 껍질 위를 따라 잘라 횟감용 덩어리로 뜨는 것을 반복한다.

10

참치는 오랜 시간 공기에 닿으면 살이 검게 변해버리기 때문에, 당장 사용할 분량만 횟감용 덩어리로 뜬다.

11

남은 껍질은 도마 끝을 이용하여 잘라낸다. 보관하려면 키친타월 등으로 감싸서 냉장고에 넣어둔다.

작은 블록의 오도로* 부분은 껍질째 잘라 나눠서 두 개의 횟감용 덩어리로 뜬다.

* 참치 뱃살 중 지방 함량이 가장 높은 부위. 부드럽고 진한 풍미가 특징이다.

13

껍질이 아래로 가도록 두고, 칼을 눕혀서 껍질 바로 위에 대고 그대로 당겨 자르며 횟감용 덩어리로 뜬다.

14

껍질을 벗긴 오도로의 횟감용 덩어리와 껍질. 오도로가 큰 덩어리일 경우에는, 다른 덩어리와 마찬가지로, 회로 사용할 때의 크기를 고려해서 횟감용 덩어리로 뜬다.

어린 통참치를 횟감용 덩어리로 뜨기

1

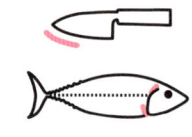

물에 씻은 어린 참치를 도마 위에 올린다. 아가미덮개를 왼손으로 젖힌 다음 데바보초의 칼끝을 넣어 아가미의 양쪽 끝을 자른다.

2

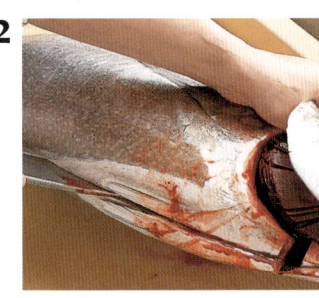
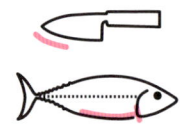

턱 아래에 칼집을 넣고, 배의 한가운데를 꼬리 쪽을 향해 곧게 가른다.

3

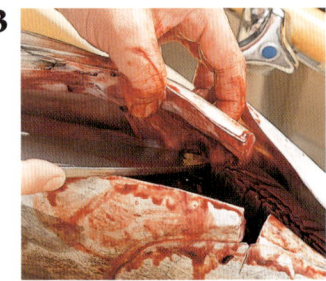
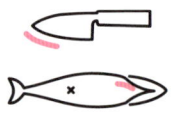

왼손으로 배를 살짝 벌리고, 칼끝을 꽂아 내장을 연결하고 있는 힘줄을 잘라서 분리한다.

4

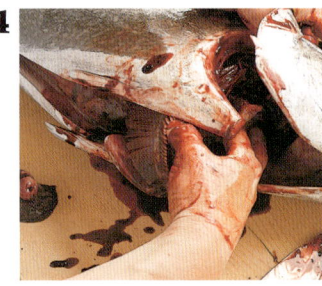
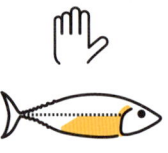

손으로 아가미와 내장을 함께 잡고, 그대로 배에서 잡아당겨서 꺼낸다.

5

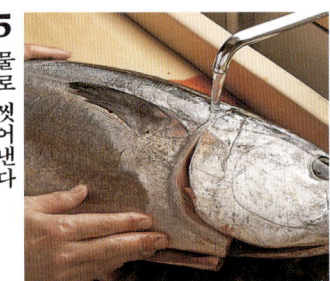

내장을 빼낸 다음, 흐르는 물에 피와 불순물을 깨끗하게 씻어낸다.

6

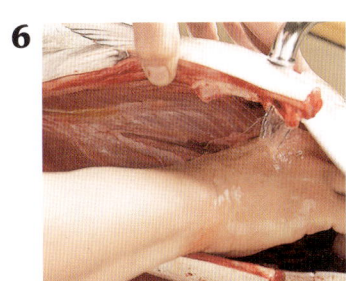
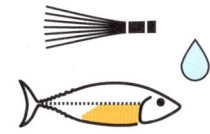

배에 손을 넣어 사사라 등을 사용해 핏덩어리를 긁어서 꺼내고 흐르는 물로 깨끗하게 씻어낸다.

7

대가리를 잘라낸다

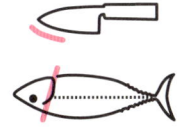

왼손으로 아가미덮개를 들어 올리며 사선으로 대가리를 잘라낸다. 흐르는 물에 다시 한번 깨끗하게 씻어낸다.

8

피를 뺀다

꼬리 연결 부위를 끈으로 묶어서 위에 매달고, 그대로 한 시간 정도 두어서 피를 뺀다.

9

세장뜨기를 한다

피가 다 빠지면, 대가리를 오른쪽, 배를 앞쪽으로 두고 한쪽 살을 발라낸다. 복강에서 꼬리까지의 살은 가운데뼈를 따라 척추뼈까지 잘라낸다.

10

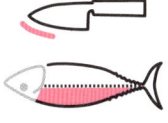

꼬리를 잡고 반 바퀴 돌려서, 등지느러미를 따라 칼집을 넣고, 그대로 가운데뼈 위의 척추뼈까지 잘라나간다.

11

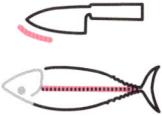

꼬리 연결 부위에 칼을 찔러서 관통시키고, 왼손으로 칼끝을 잡아 척추뼈 위를 따라 대가리 방향으로 힘 있게 당긴다.

12

등살과 뱃살로 나눈다

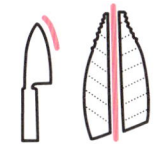

한쪽 살은 혈합육이 있는 부분에서 세로로 잘라 등살을 나눈다.

13

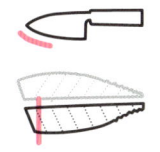

뱃살을 껍질이 아래로 가도록 두고, 목살 바로 아래에 칼을 수직으로 꽂아서 잘라낸다.

14

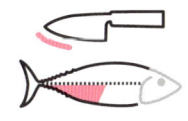
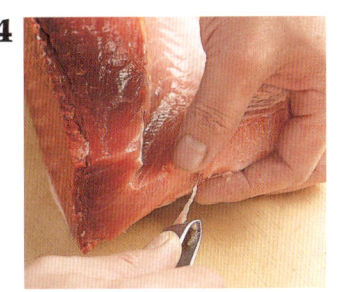
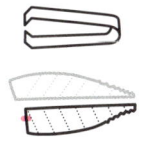

뱃살 중간에 굵은 뼈 한 줄이 살 속에 박혀 있으므로, 뼈 집게를 사용해서 뽑는다.

15

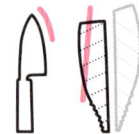

뱃살에 붙어 있는 복강의 막을 얇게 비스듬히 베어 낸다.

16

복강의 막을 자르고, 마지막에는 칼날을 세워 잘라내 절단면을 깨끗하게 한다.

17

뱃살에 붙어 있는 혈합육은 칼로 깨끗하게 벗겨내듯이 잘라낸다.

18

뱃살을 위쪽과 아래쪽 두 부분으로 나눈다. 큰 덩어리라면 위쪽, 가운데, 아래쪽으로 나눈다.

19

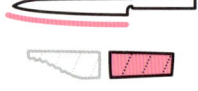

위쪽 뱃살의 두께를 보고 횟감용 덩어리로 뜰 크기를 정한다. 야나기바보초를 도마와 수평으로 두고 혈합육을 잘라 위아래 두 개로 나눈다.

20

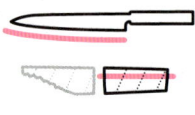

이어서 위쪽 뱃살을 횟감용 덩어리로 뜬다. 회로 썰때의 두께를 고려해서 자를 폭을 정하고, 수직으로 칼을 넣는다.

21

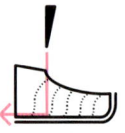

칼이 껍질에 닿으면, 그대로 칼날을 눕혀서 껍질에서 잘라낸다.

22

횟감용 덩어리에 은빛 껍질이 붙어 있거나 자르다 남은 부분이 있다면, 잘라내어 모양을 다듬는다.

23

이어서 위쪽 뱃살을 횟감용 덩어리로 잘라낸다. 어린 참치이기 때문에 위쪽 뱃살이라고 해도 아직 지방이 도드라지게 올라와 있지는 않다.

납작한 생선

여기서 다루는 것은 살이 얇고, 가로 폭이 넓은 생선이다.
다섯 장 뜨기를 하는 광어는 특이한 경우지만,
보통은 여러 번에 나누어 칼을 넣거나
가운데뼈에서 조금씩 살을 떼어내는 방법을 사용한다.

광어·가자미류

손질/츠다 신

🇬🇧 **flatfish**

🇫🇷 **carrelet**

🇮🇪 **rombo**

🇯🇵 平目·鰈 [ひらめ·かれい]

◎ 광어나 가자미의 표면에는 점액이 있어서 쉽게 미끄러지므로, 손질하기 어려울 때는 행주 등으로 눌러서 고정하거나 행주를 도마에 깔고 그 위에서 손질하면 좋다.

◎ 비늘이 매우 작고 얇은 데다가 깊게 겹쳐져 있어서 야나기바보초로 얇게 깎듯이 벗겨낸다.

◎ 다섯 장 뜨기를 할 때는 살을 젖히듯이 칼을 움직이면 쉽게 손질할 수 있다.

납작한 생선 | 광어·가자미류

126

다섯 장 뜨기

1

비늘을 스키비키한다

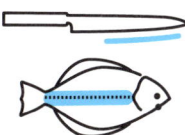

대가리를 오른쪽, 검은 껍질 부분을 위로 둔다. 야나기바 보초를 왼쪽으로 눕히고, 꼬리 쪽을 향해 껍질과 비늘 사이에 칼날을 넣는다.

2

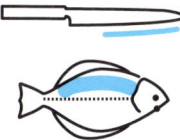

우선 척추뼈에 가까운 부분을 벗기고, 점점 지느러미 쪽으로 칼을 움직인다.

3

경사진 부분은 왼손으로 살을 들어서 껍질의 늘어진 부분을 없애주면 쉽게 벗길 수 있다.

4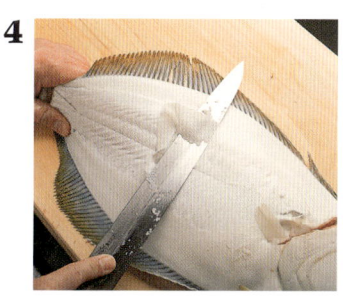

배면(흰 껍질)의 비늘도 같은 방법으로 스키비키한다. 지느러미 가장자리의 비늘은 벗기기 어려우니 주의한다.

5 대가리를 잘라낸다

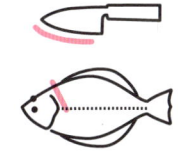

대가리를 왼쪽, 겉면을 위를 향해 돌려두고, 가슴지느러미 연결 부위에 데바 보초를 넣는다.

6

그대로 아가미덮개를 따라 사선으로 깊게 칼집을 넣는다. 내장이 손상되지 않도록 주의한다.

7

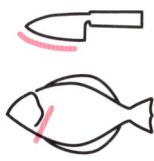

뒤집어서 배면을 위로 두고, 가슴지느러미 연결 부분에 칼을 넣는다.

8

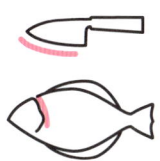

그대로 아가미덮개를 따라 사선으로 칼집을 넣고 대가리를 잘라낸다.

9 내장을 꺼낸다

오른손으로 꼬리를 누르고, 왼손으로 내장을 잡아 터지지 않도록 주의하며 꺼낸다.

10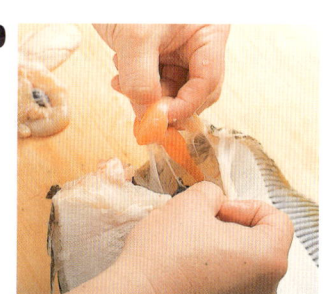

겨울철 산란기에는 내장의 안쪽에 알이 들어 있다.

11

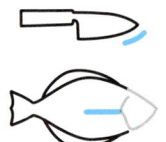

칼끝으로 배 안쪽의 척추 뼈 부분을 문질러서, 핏덩 어리를 깎아서 제거한다.

12

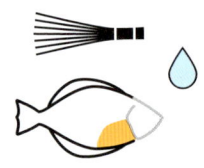

사사라를 사용해서 핏덩어 리나 내장이 붙은 부분을 꼼꼼하게 씻어낸다.

13

배뼈에 박혀 있는 불순물 은 떼어내기 어려우므로 젓 가락 등으로 잘게 나누듯 이 꼼꼼하게 떼어낸다. 행주 로 물기를 닦아낸다.

14

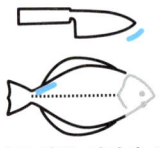

꼬리를 왼쪽, 겉면이 위를 향하게 놓는다. 왼손으로 꼬리를 누르고, 꼬리 쪽의 지느러미살과 살의 경계에 칼끝을 넣는다.

15

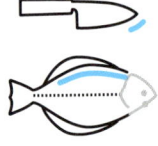

그대로 지느러미살을 따라 대가리 쪽을 향해서 칼집 을 넣어 나간다.

16

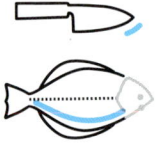

반대쪽 지느러미살과 살이 맞닿는 경계에도 칼집을 넣는다.

17

생선을 뒤집어서, 배면의 지느러미살과 살의 경계에 도 칼집을 넣는다. 반대쪽 도 같은 방법으로 칼집을 넣는다.

18

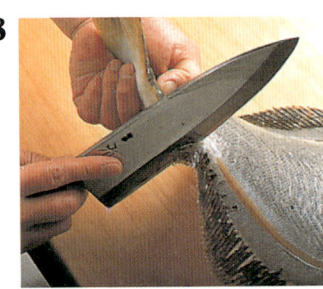
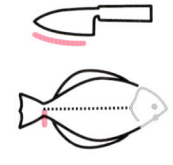

겉면을 위로 두고 왼손으로 꼬리를 잡아서, 지느러미살 과 살의 경계에 넣어둔 칼 집 끝에 칼을 깊게 꽂는다.

19

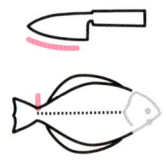

다른 한쪽의 칼집에도 같 은 방법으로 칼을 깊게 꽂 는다.

20

살짝 분리한 뒷지느러미의 끝을 왼손으로 잡고 가볍 게 잡아당기면서, 칼날을 칼집에 대고 잘라낸다.

21

그대로 대가리 쪽까지 지느러미살과 지느러미를 함께 잘라낸다.

22

다른 한쪽의 지느러미살도 등지느러미와 붙어 있는 상태로 분리한다.

23

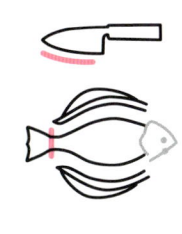

꼬리를 곧게 잘라낸다.

24

다섯 장으로 뜨고 등살과 뱃살로 나눈다

돌려서 꼬리를 앞쪽에 둔다. 목살 끝에서 생선 중앙의 측선(척추뼈 바로 위)을 따라, 척추뼈에 닿을 때까지 칼날을 넣는다.

25

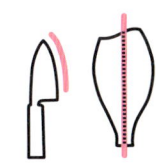

그대로 꼬리 쪽 끝까지 측선을 따라 곧게 한 번에 잘라낸다.

26

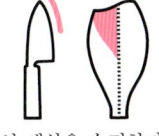

우선 뱃살을 손질한다. 칼을 오른쪽으로 눕혀서, 가운데뼈 위를 스쳐 지나가듯이 뱃살을 가운데뼈에서 조금씩 분리한다.

27

꼬리 쪽을 향해서 조금씩 칼을 움직인다. 칼을 쉽게 넣을 수 있도록, 왼손으로 뱃살을 바깥으로 잡아당기듯 누른다.

28

어깨 부근의 분리된 살을 왼손으로 젖히며, 여러 번 가운데뼈 위를 따라 미끄러지듯이 칼날을 움직인다.

29

꼬리 쪽도 잘라서 분리한 살을 젖히면서 잘라낸다.

30

칼을 다시 넣을 때는 정확하게 가운데뼈를 따라서 움직여야 절단면이 지저분해지지 않는다.

31

이제 겉면의 뱃살이 분리
되었다. 잘라서 떼어낼 때
는 뱃살을 들어 올리지 말
고 조심스럽게 칼날을 움
직여야 깔끔하게 분리된다.

36

이제 겉면의 등살이 분리
되었다. 잘라서 떼어낼 때
는 등살을 들어 올리지 말
고 조심스럽게 칼날을 움
직인다.

32

겉면의 등살을 분리한다. 어
깨 부근을 앞쪽으로 두고,
꼬리 연결 부위의 척추뼈
부분에서 칼날을 넣는다.

37

어깨를 앞쪽, 배면을 위로
둔다. 꼬리 연결 부위 끝에
서 측선을 따라 척추뼈에
닿을 때까지 곧게 칼집을
넣는다.

33

그대로 척추뼈 위를 따라
미끄러지듯이, 어깨 부근
까지 칼집을 넣어 나간다.

38

뱃살을 손질한다. 칼을 오른
쪽으로 눕혀서 가운데뼈 위
를 따라 미끄러지듯이 뱃살
을 가운데뼈에서 조금씩 분
리해 나간다.

34

꼬리 쪽에서 어깨 부근을
향해, 가운데뼈를 따라 미
끄러지듯이 잘라낸다.

39

칼을 쉽게 넣을 수 있도록
배 쪽의 살을 젖히면서, 계
속 잘라낸다.

35

왼손으로 잘라서 분리한
살을 젖히며 꼬리 쪽에서
부터 점점 분리해 나간다.

40

이제 배면의 뱃살이 분리
되었다. 잘라서 떼어낼 때
는 등살을 들어 올리지 말
고 조심스럽게 칼날을 움
직인다.

41

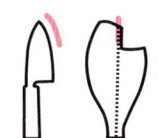

다음으로, 배면의 등살을 분리한다. 꼬리 쪽을 앞쪽을 향해 돌려두고, 어깨 부근의 척추뼈 부분에서 칼날을 넣는다.

42

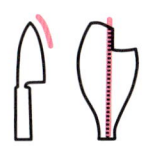

그대로 척추뼈 위를 따라 미끄러지듯이, 꼬리 연결 부위에 칼집을 넣어 나간다.

43

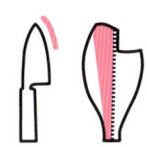

어깨 부근에서 꼬리 쪽을 향해, 가운데뼈 위를 따라 미끄러지듯이 조금씩 잘라낸다.

44

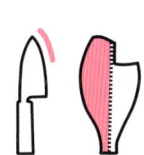

잘라서 분리한 살을 왼손으로 젖히면서, 계속 잘라서 분리해 나간다.

45

배뼈를 떼어낸다

꼬리가 앞쪽, 껍질 면이 아래를 향하도록 뱃살을 둔다. 칼끝을 위로 하여 배뼈 연결 부위를 자른다.

46

칼을 오른쪽으로 눕혀서 배뼈의 흐름을 따라 저미듯이 잘라낸다.

47

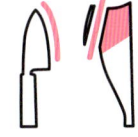

끝까지 잘랐다면, 칼을 세워서 배껍질을 잡아당기며 자르고 배뼈를 떼어낸다.

48

다른 쪽 뱃살도 칼끝을 위로 하여 배뼈 연결 부위를 자르고, 배뼈의 흐름을 따라 저미듯이 잘라낸다.

49

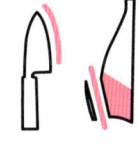

끝까지 잘랐다면, 칼을 세워서 배껍질을 잡아당기며 자르고 배뼈를 떼어낸다.

131

병어

silver pomfret

aileron argenté/stromatée

pampo

鯧[マナガツオ]

×

남작한 생선 | 병어

◎ 살이 부드러운 데다가 몸이 크기 때문에 살이 갈라지지 않도록 조심하게 다룬다.

◎ 가운데뼈도 부드럽기 때문에 살을 떼어낼 때는 뼈 아래살이 손상되지 않도록 가운데뼈를 깊게 자르지 않게 주의한다.

◎ 배뼈가 길기 때문에 한 번에 전부 제거하려고 하지 말고 뼈를 중간에서 절단해 두 번에 나누어 잘라낸다.

양면 뜨기

1 대가리·내장을 제거한다

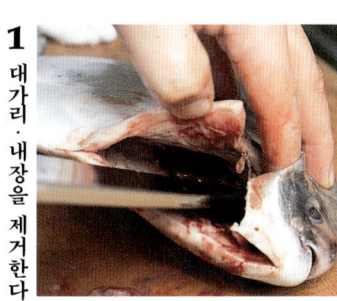

배를 가르고 아가미덮개에서 목 아래를 향해 세로로 칼집을 넣는다. 배를 벌려 아가미를 분리하고, 내장을 칼끝으로 긁어낸다.

6

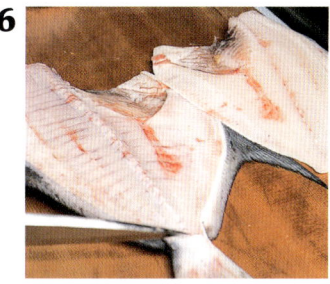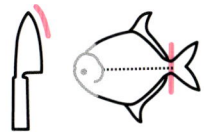

꼬리 연결 부위를 세로로 자르면 한쪽 살이 분리된다.

2

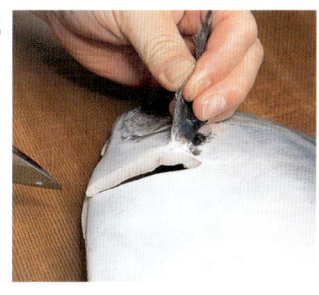

대가리를 왼쪽, 배를 앞쪽으로 두고, 가슴지느러미 연결 부위에서 목 아래를 향해 비스듬히 칼집을 넣는다.

7

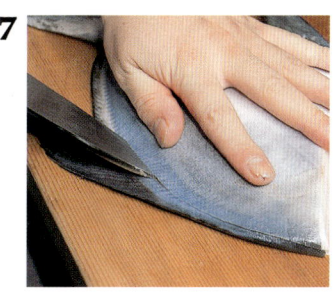

뒤집어서 꼬리를 왼쪽, 등을 앞쪽으로 두고, 4·5와 같은 방법으로 등살을 살의 곡선을 따라가듯 잘라낸다.

3

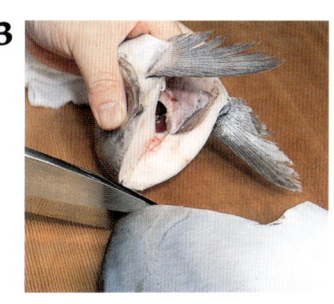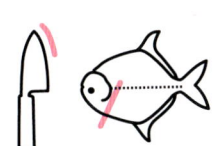

뒤집어서 등을 앞쪽으로 두고, 가슴지느러미 연결 부분에서 대가리를 향하여 비스듬히 잘라낸다. 대가리가 V자 형태로 분리된다.

8

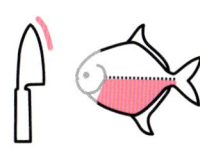

꼬리를 오른쪽, 배를 앞쪽으로 두고, 7과 동일하게 칼을 넣는다. 척추뼈에서 살을 잘라내고, 꼬리 연결 부위를 잘라 분리한다.

4 한쪽 살을 발라낸다

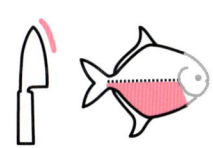

대가리를 왼쪽, 배를 앞쪽으로 둔다. 가운데뼈를 깊게 자르지 않도록 주의하면서, 여러 번 수평으로 칼을 넣어 뱃살을 분리한다.

9 배뼈를 긁어서 떼어낸다

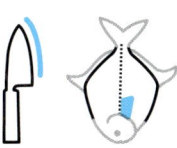

대가리를 앞쪽으로 두고 칼끝을 위로 하여 배뼈를 긁어낸다. 일단 반만 먼저 잘라낸다.

5

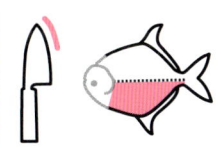

180도 돌려서 꼬리를 오른쪽, 등을 앞쪽으로 둔다. 등살도 4와 같은 방법으로 여러 번 칼을 넣어 분리한다.

10

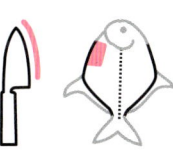

180도 돌려서 꼬리를 앞쪽으로 두고, 남은 반의 배뼈를 벗기듯이 잘라낸다.

갈치

손질/노자키 히로미츠

cutlass fish/
scabbard fish

ceinture d'argent/
sabre/trichiure

pesce sciabola/pesce
spatula/pesce bandiera

太刀魚 [タチウオ]

납작한 생선 | 갈치

◎ 몸이 길쭉하기 때문에 크게 몇 토막으로 자른 뒤 각각을 손질하면 좋다.
◎ 뱃살은 얇아서 배뼈를 한 번에 자르려고 하면 살이 찢어진다. 그래서 배뼈는 중간에
　서 자르듯이 긁어내고, 살이 얇은 부분에 남아 있는 뼈는 뼈 집게로 뽑아낸다.

크게 토막 내서 양면 뜨기

1 대가리·내장을 제거한다

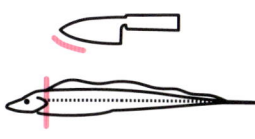

비늘이 없으므로 전체를 씻어낸 다음, 대가리를 잘라낸다.

2

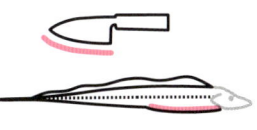

꼬리를 왼쪽, 배를 앞쪽으로 향해 돌려둔다. 몸과 평행하도록 칼날을 대고 배를 얇게 자른다.

3

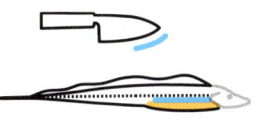

내장을 긁어서 꺼낸 다음, 칼날을 위로 돌려 잡고 척추뼈 연결 부위의 막에 칼집을 넣는다.

4

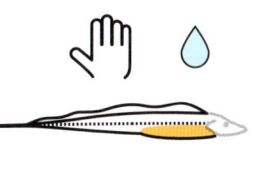

흐르는 물에 뱃속을 씻어내고, 핏덩어리를 흘려보낸다.

5 잘라서 나눈 뒤 한쪽 살을 분리한다

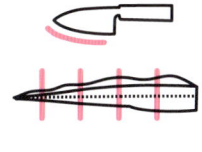

20cm 정도의 폭으로 잘라서 나눈다.

6 한쪽 살을 발라낸다

생선과 평행하게 칼을 대고, 가운데뼈 위를 따라 미끄러지듯이 뱃살을 잘라낸다.

7

생선을 180도 돌려서, 등살을 **6**과 같은 방법으로 잘라서 한쪽 살을 분리한다.

8

다른 한쪽 살은 가운데뼈를 아래에 둔다. **6**, **7**과 같은 방법으로 뱃살, 등살 순으로 잘라내고, 가운데뼈에서 살을 분리한다.

9 배뼈를 제거한다

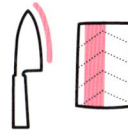

한쪽 살에서 벗겨내듯이 가운데뼈를 잘라낸다. 도중에 칼을 살짝 들어 건져올리듯이 움직이며 배뼈를 중간에서 잘라낸다.

10

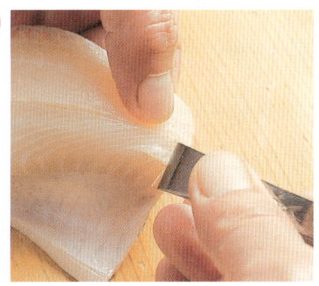

뱃살 안에 일부러 자르지 않고 남겨둔 배뼈는 하나하나 뼈 집게로 뽑아낸다.

쥐치

🇬🇧 **triggerfish**

🇫🇷 **alutère/poisson-lime**

🇮🇹 **pesce balestra/pesce porco**

🇯🇵 皮剝[カワハギ]

◎ 대가리와 내장을 함께 잘라내고 간만 꺼내서 사용한다.

◎ 두꺼운 껍질을 먼저 벗긴 뒤에 세 장 뜨기를 한다.

◎ 육질이 단단해서 한쪽 살은 생선의 방향을 바꾸지 않고 한 방향에서 손질할 수 있다.

납작한 생선 | 쥐치

136

한면 뜨기

1

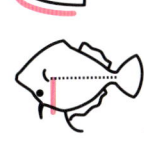

대가리가 붙어 있는 채로 내장을 제거한다

대가리를 왼쪽, 배를 앞쪽으로 두고, 가슴지느러미 척추뼈에서 대가리 쪽을 향해 칼로 자른다.

2

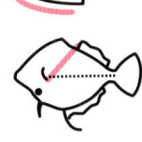

가슴지느러미 연결 부위에서 이 절단면을 향해, 껍질에 칼집을 넣어둔다.

3

배를 앞쪽으로 두고, **2**의 칼집 반대쪽에도 동일하게 칼집을 낸다(내장 손상 주의).

4

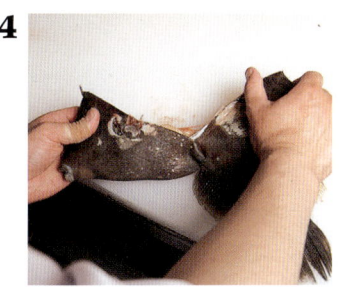
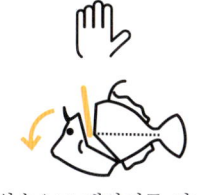

왼손으로 대가리를 잡고 앞쪽으로 잡아당겨서 분리한 뒤 물로 씻어낸다.

5

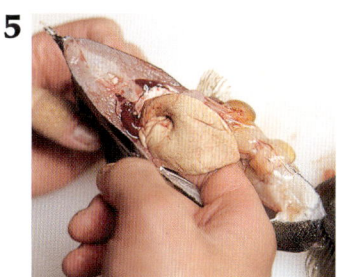

대가리의 단면에 손가락을 넣어서 간을 분리한다.

6

껍질을 벗긴다

배는 앞쪽, 꼬리는 오른쪽에 두고, 뒷지느러미를 따라 껍질에 칼집을 넣는다.

7

등을 앞쪽, 꼬리를 왼쪽에 둔다. 배지느러미를 따라 껍질에 칼집을 넣는다.

8

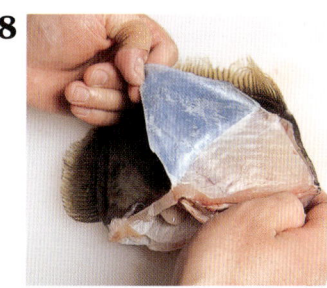

대가리에서 꼬리를 향해 껍질을 잡아당겨서 벗긴다.

9

한쪽 살을 발라낸다

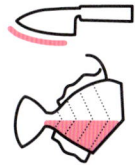

배를 앞쪽, 꼬리를 왼쪽으로 두고, 뒷지느러미 연결 부위에서부터 뱃살에 칼집을 넣는다.

10

살을 젖혀 올리며, 척추뼈 위를 따라 미끄러지듯이 등살을 뼈에서 잘라낸다.

11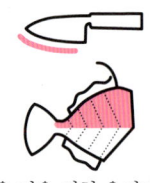

살을 더욱 젖혀 올리며, 척추뼈를 넘겨서 칼을 넣고, 등살을 가운데뼈에서 분리한다.

12 다른 한쪽 살을 발라낸다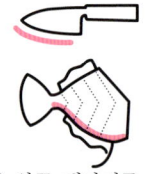

등을 앞쪽, 대가리를 오른쪽에 두고, 등지느러미를 따라 등살에 칼을 넣어 나간다.

13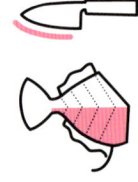

등살을 젖혀 올리며, 가운데뼈에서 잘라낸다.

14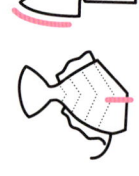

등살을 젖혀 올리며, 척추뼈 연결 부위 바로 위에 칼을 넣는다.

15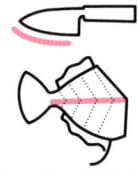

그대로 척추뼈 위를 따라 미끄러지듯이 칼을 왼쪽으로 움직여서, 살을 척추뼈에서 잘라낸다.

16

칼을 척추뼈 위로 넘겨서, 뱃살도 가운데뼈에서 잘라서 떼어낸다.

17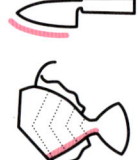

배를 앞쪽, 꼬리를 오른쪽으로 두고, 배지느러미 연결 부위에 칼집을 넣는다.

18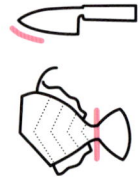

꼬리 연결 부위를 자르면 한쪽 살이 분리된다.

19 배뼈를 긁어낸다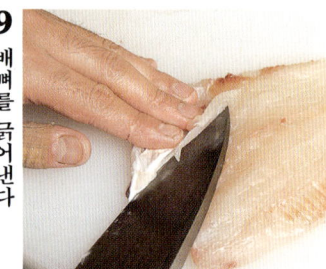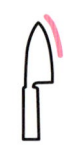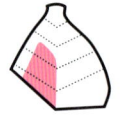

배뼈 연결 부위에서 조금씩 젖히면서 잘라서 떼어낸다.

20

마지막까지 젖혀서, 칼날을 세우고 배뼈를 잘라서 제거한다.

장어형 생선

뱀처럼 몸을 구부리며 헤엄칠 수 있는 생선이다.
비늘이 퇴화하여 매우 미끄러운 탓에
장어 송곳을 대가리에 박아 도마에 고정하고 작업한다.
배 쪽에서 가르든지, 등 쪽에서 가르든지,
그 방식은 지역마다 차이가 있다.

붕장어

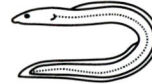
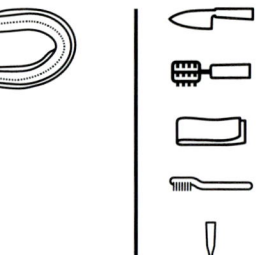

conger

congre/anguille de mer

grongo

穴子 [アナゴ]

장어형 생선 | 붕장어

◎ 붕장어는 몸 표면에 점액질이 있다. 손에 소금을 듬뿍 묻혀서 대가리에서 꼬리 쪽을 향해 가볍게 문질러서 제거하고 물로 씻어낸다.

◎ 지역에 따라 등을 가르기도 하고 배를 갈라서 손질하기도 한다.

◎ 등 쪽을 가르는 경우, 가른 뒤에 칼날이 위를 향하도록 돌려서 잡고 척추뼈 양옆에 칼집을 넣어 가운데뼈를 벗겨내듯 한 번에 잘라서 제거한다. 이렇게 하면 가운데뼈에 살이 남지 않는다.

등을 갈라 손질하기

1 점액질을 제거한다

 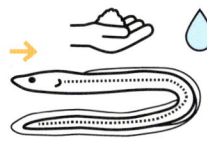

손에 소금을 듬뿍 묻혀 대가리에서 꼬리 쪽으로 가볍게 문질러 표면의 점액질을 제거하고 물로 씻어낸다.

2 장어 송곳으로 고정하고 가른다

 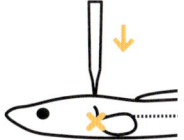

붕장어의 대가리를 오른쪽, 등을 앞쪽으로 둔다. 아가미 아래 부근에 장어 송곳을 박아서 고정한다.

3

가슴지느러미 바로 윗부분에, 데바보초로 가운데뼈 아래까지 세로로 칼집을 넣는다.

4

 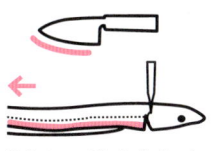

왼손으로 붕장어의 배를 누른다. 칼을 오른쪽으로 눕혀서, **3**의 칼집에 칼을 넣고 가운데뼈 위를 따라 미끄러지듯 잘라낸다.

5

 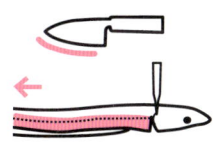

배 쪽 껍질 한 겹을 남기고 등을 갈라 나간다. 이때 왼손 검지로 칼끝을 누르며 칼과 함께 움직이면 좋다.

6

 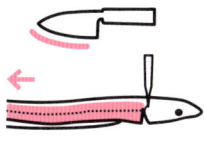

왼손 엄지로 칼등을 눌러주면 칼이 부드럽게 움직인다. 그 상태로 꼬리 연결 부위까지 한 번에 가른다.

7 내장을 제거한다

 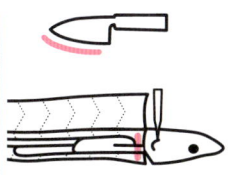

대가리 바로 아래의 내장 연결 부위를 칼로 자른다.

8

칼을 돌려 잡고, 칼날을 내장 아래에 꽂아서 들어 올린다. 왼손으로 내장을 잡는다.

9

 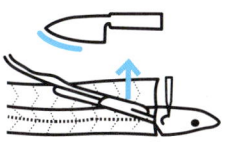

왼손으로 내장을 잡아당기면서 칼날로 떼어낸다. 이때 쓸개(담낭)를 터뜨리지 않도록 주의한다. 꼬리 연결 부위도 자른다.

10 가운데뼈를 떼어낸다

 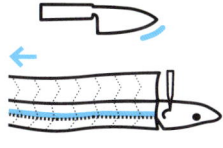

척추뼈의 배 쪽 가장자리를 따라 칼집을 넣는다. 척추뼈의 뱃살과 붙어 있는 부분을 잘라낸다.

11

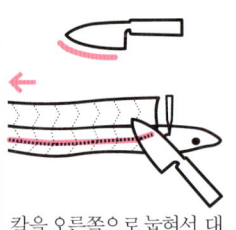

칼을 오른쪽으로 눕혀서, 대가리 아래 칼집에서 가운데뼈 아래로 칼날을 넣는다.

12

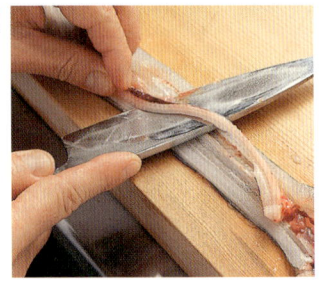

왼손가락으로 가운데뼈와 칼날이 닿는 부분을 눌러가며, 벗겨내듯이 가운데뼈에서 살을 잘라서 분리한다.

13

비스듬히 눕힌 칼날을 살짝 들어 올려 살이 깎이지 않을 정도로 칼날에 각도를 준다. 칼은 꼬리 연결 부위에서 멈춘다.

14 대가리를 잘라낸다

복부에 붙어 있는 피 등의 불순물은 비린내의 원인이 된다. 칼뿌리로 문질러서 깨끗하게 제거한 다음, 대가리를 잘라낸다.

15 등지느러미를 잘라낸다

왼손가락으로 가운데뼈 끝과 그에 연결된 꼬리지느러미를 잡는다.

16

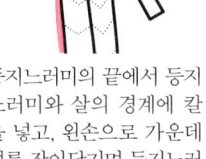

등지느러미의 끝에서 등지느러미와 살의 경계에 칼을 넣고, 왼손으로 가운데뼈를 잡아당기며 등지느러미를 잘라낸다.

17

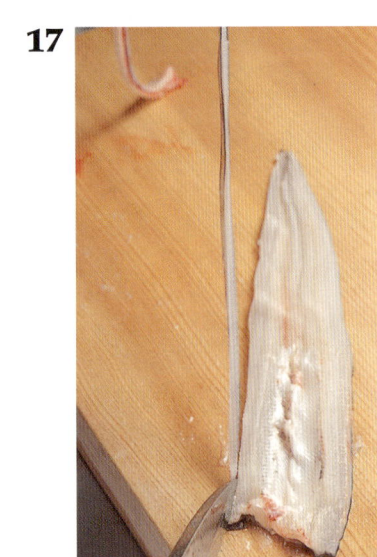

칼끝을 지점으로 삼아 등지느러미를 잡고 마지막까지 한 번에 벗기는 느낌으로 칼을 움직이면 깨끗하게 발라낼 수 있다.

18

정확하게 잘 손질하면 가운데뼈와 등지느러미가 이렇게 연결된 상태로 분리된다.

142

1

배를 갈라 손질한다

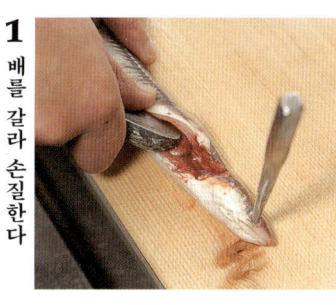
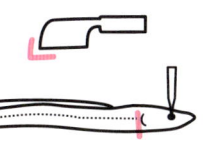

대가리를 오른쪽, 배를 앞쪽으로 두고, 장어 송곳을 박아서 고정한다. 아가미 아래에 사키보초의 칼끝으로 칼집을 넣는다.

2

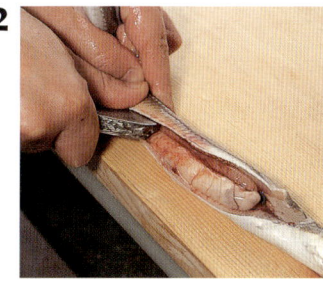
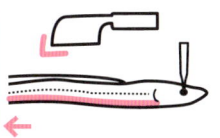

왼손 엄지와 검지로 붕장어를 누르듯이 잡고, 사키보초를 오른쪽으로 눕혀서 내장을 상하지 않게 주의하며 꼬리까지 가른다.

3

내장과 가운데뼈를 떼어낸다

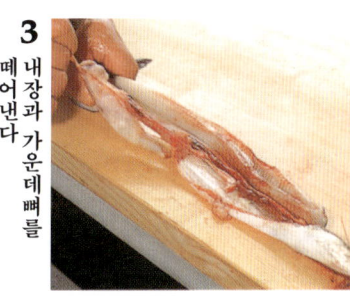
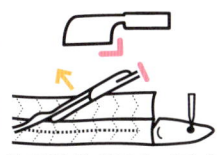

목 뒤쪽의 식도와 기관을 칼뿌리로 자르고, 그대로 엄지와 칼날에 끼워서 잡아, 꼬리 쪽으로 잡아당겨서 내장을 빼낸다.

4

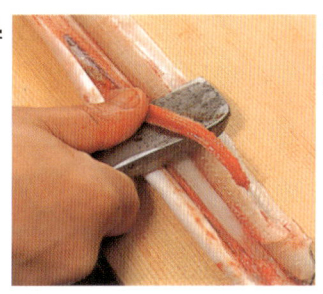
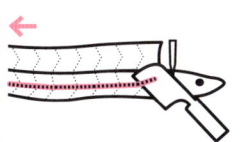

목 뒤쪽의 가운데뼈를 사키보초로 자른다. 그대로 칼날을 가운데뼈 아래에 넣고, 가운데뼈 각도에 맞춰 눕혀서 항문까지 잘라낸다.

5

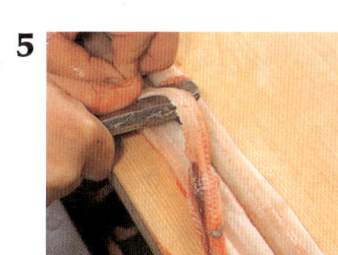

항문과 꼬리 사이의 가운데뼈는 편평한 모양을 하고 있으므로, 칼을 평평하게 눕혀 가운데뼈를 잘라낸다.

6

등지느러미를 떼어낸다

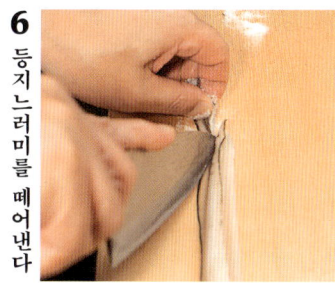
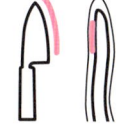

잘라서 펼친 붕장어를 원래의 형태로 돌려놓고, 꼬리지느러미를 왼손으로 잡고 바로 옆에 데바보초로 칼집을 넣는다.

7

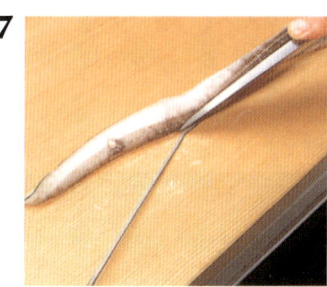

왼손으로 지느러미 끝을 잡아당기며 데바보초의 칼끝을 대가리 쪽으로 당겨서 등지느러미를 잘라낸다.

8

대가리를 잘라낸다

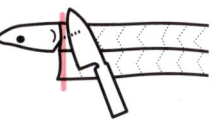

대가리를 왼쪽, 껍질 면을 아래를 향해 두고 몸을 잘라서 펼쳐 둔다. 아직 자르지 않은 가운데뼈 아래에 칼날을 오른쪽으로 눕혀 비스듬히 대가리를 잘라낸다.

갯장어

손질/히라이 카즈미츠

🇬🇧 pike eel/
conger pike

🇫🇷 murène japonaise/
brochet de mer

🇮🇹 murena del
giappone

🇯🇵 鱧 [ハモ]

◎ 성질이 사납기 때문에 살아있는 갯장어를 기절시킬 때는 물리지 않도록 주의한다.
◎ 껍질 표면의 미끈거림은 비린내의 원인이 되므로 처음에 칼로 긁어서 제거한다.
◎ 척추뼈의 형태는 복강 위쪽과 그 이후의 부분이 다르므로 자를 때 칼의 각도를 바꾼다.
◎ 등지느러미에는 가는 뼈가 있다. 이 뼈째로 등지느러미를 떼어낸다.

장어형 생선 | 갯장어

배를 갈라 손질하기

1
기절시켜서 피를 뺀다

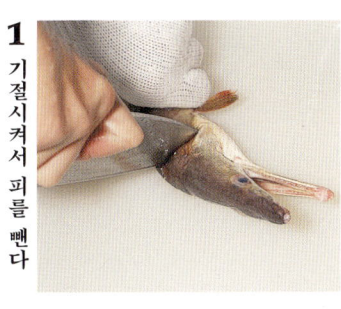

목장갑을 낀 손으로 대가리 뒤를 단단히 누르고, 대가리 연결 부위에 칼끝을 넣어 뼈를 잘라 분리한다.

6

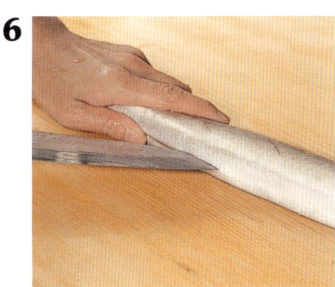
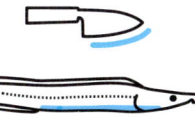

꼬리를 왼쪽, 대가리를 앞쪽으로 두고, 칼을 돌려 잡고 칼끝을 항문에 꽂아 그대로 대가리를 향해 곧게 가른다.

2

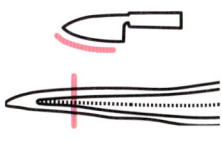

꼬리 연결 부위에도 칼집을 넣는다. 이는 대가리 쪽에서부터 손으로 쓸어내릴 때 피가 잘 빠지도록 하기 위함이다.

7

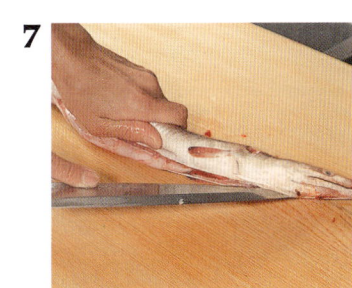
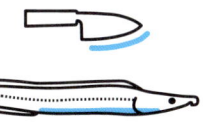

턱 아래까지 갈라낸다. 칼을 너무 깊게 넣으면 내장을 손상시킬 수 있으므로 주의한다.

3
미끈거림과 내장을 제거한다

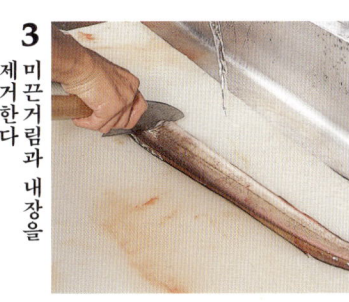
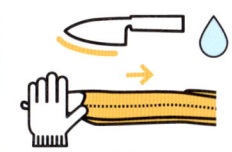

왼손으로 대가리를 누르고, 칼날을 세워 대가리에서부터 꼬리 쪽으로 껍질 위를 문지르며 흐르는 물에서 미끈거림을 제거한다.

8

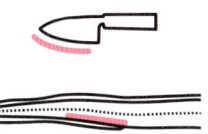

칼을 원래대로 고쳐 잡고, 항문에서부터 꼬리지느러미 위를 따라 칼을 눕혀서 잘라 나간다. 복강의 끝까지 칼집을 넣는다.

4

껍질 표면의 미끈거림은 비린내의 원인이 되므로, 칼날로 조심스럽게 제거한다.

9

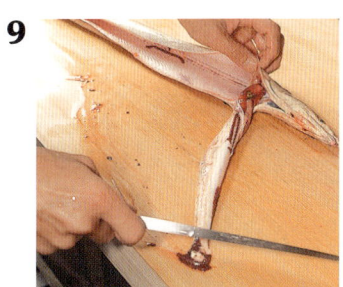
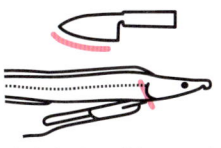

갈라낸 배를 왼손으로 벌리고 칼뿌리에 내장을 걸치듯이 잡아 꺼낸다. 대가리 연결 부위에서 내장을 잘라낸다.

5

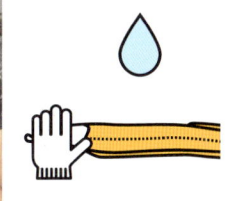

흐르는 물에 미끈거림을 잘 씻어낸다.

10
핏덩어리를 씻어낸다

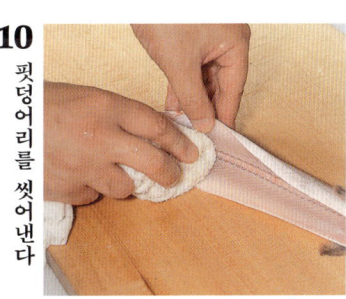
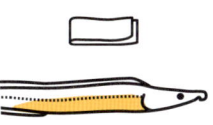

손가락의 안쪽을 사용해 척추뼈 아래에 남은 핏덩어리를 흐르는 물로 씻어낸 후, 마른행주로 배의 안쪽과 바깥쪽을 잘 닦는다.

11

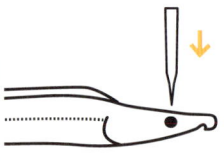

갯장어를 도마의 오른쪽 끝에 꼬리를 왼쪽, 배를 앞쪽을 향해 올려두고, 눈에 장어 송곳을 꽂는다.

16

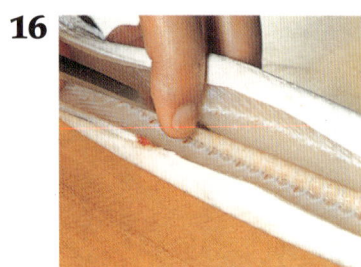

대가리 끝에서 복강까지의 척추뼈는 삼각형 모양이지만, 그곳에서부터 꼬리 쪽까지는 평평한 형태이므로 칼을 눕혀서 자른다.

12

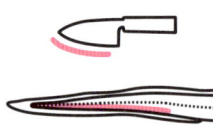

칼을 눕혀서 복강 아래 끝에서 꼬리 끝까지 가운데 뼈 위를 따라 미끄러지듯이 깊게 자른다.

17

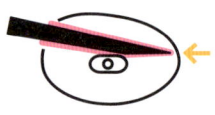

칼끝이 중지에 살짝 닿는 자세를 유지하며 가운데뼈 위를 따라 미끄러지듯이, 칼을 꼬리 끝까지 움직인다.

13

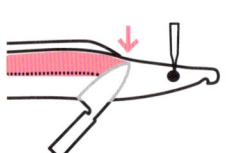

잘라서 벌린 목 근처의 껍질에 왼손 검지를 대고 한 겹의 껍질만 남도록 가늠한 뒤 칼끝을 척추뼈 위에 꽂는다.

18

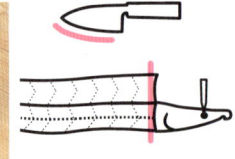

아가미와 가슴지느러미 사이에 칼을 꽂아 넣고, 대가리를 잘라낸다.

14

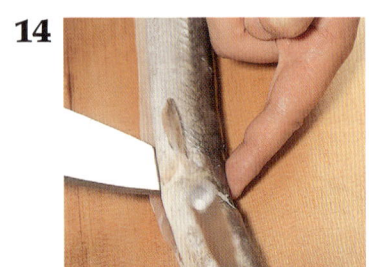
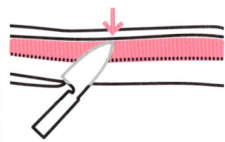

칼끝을 껍질에 통과시키고 왼손 검지로 확인해가며 자른다.

19

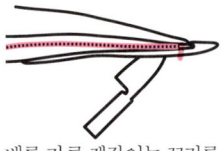

배를 가른 갯장어는 꼬리를 오른쪽, 껍질면을 위로 두고, 칼을 오른쪽으로 눕혀서 가운데뼈가 붙은 앞쪽 꼬리지느러미를 자른다.

15

왼손 검지로 살을 벌리면서 검지로 칼등을 누르고, 삼각형 모양의 척추뼈의 각도에 맞춰 칼을 세워 잘라낸다.

20

복강의 앞쪽까지는 칼을 오른쪽으로 눕혀서, 가운데뼈 위를 따라 미끄러지듯 잘라낸다.

21

복강에서부터는 척추뼈의 모양이 삼각형으로 바뀌므로, 눕힌 칼을 살짝 세워서 어깨 부근까지 잘라낸다.

22

가운데뼈를 분리하고 껍질 면을 아래로 향하게 둔 상태. 이 시점에서는 아직 척추뼈가 꼬리에 붙어 있다.

23

꼬리 끝은 살이 붙어 있는 상태로, 살과 가운데뼈를 잘라서 분리한다.

24

등지느러미를 떼어낸다

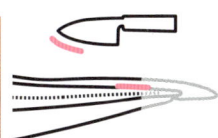

갈라서 펼친 상태의 갯장어를 꼬리가 오른쪽, 배가 앞쪽을 향하게 두고, 꼬리쪽 등지느러미 끝에 칼집을 넣는다.

25

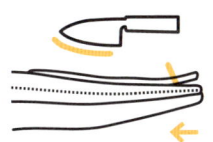

칼을 눕혀서 등지느러미 끝을 단단히 누르고, 왼손으로 살의 끝을 잡아 강하게 잡아당겨서 등지느러미를 벗긴다.

26

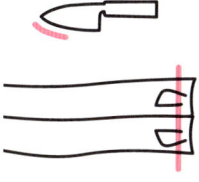

껍질면이 위로 오도록 돌려 두고, 좌우 가슴지느러미를 잘라낸다.

27

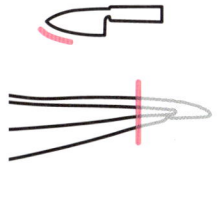

꼬리 끝을 잘라낸다.

28

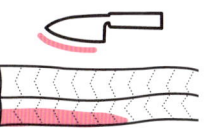

꼬리는 오른쪽, 살은 위에 오도록 펼쳐 두고, 왼손으로 왼쪽 끝을 누른다. 칼을 오른쪽으로 눕혀서 앞쪽 배뼈를 얇게 비스듬히 베어낸다.

29

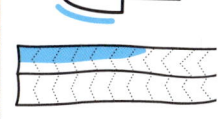

칼을 왼쪽으로 눕혀서 반대쪽 배뼈도 얇게 비스듬히 베어낸다. 마지막으로 펼친 살의 양쪽을 고르게 다듬는다.

뱀장어

손질/사토 신조, 야스미 히사시

◎ 가능하면 살에 피가 묻지 않도록 잘 드는 칼로 한 번에 빠르게 가른다.

◎ 점액이 달라붙어 살이 더러워지므로, 도마는 항상 물에 젖은 상태로 둔다.

◎ 장어를 가를 때 사용하는 도구는 지역에 따라 다르다.

◎ 지역에 따라 등을 가르기도 하고 배를 갈라 손질하기도 한다.

등을 갈라 손질하기

1

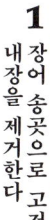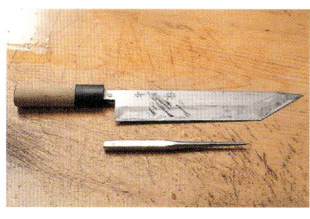

장어 송곳으로 고정하고 내장을 제거한다

우나기사키보초와 장어 송곳. 칼끝, 히레비키(날의 중간이 〈자 모양으로 굽은 부분〉, 칼뿌리를 각각 구분하여 사용한다.

6

힘을 주는 것은 오른손 검지와 왼손 엄지. 뱀장어의 탄력을 이용해서 꼬리 부분까지 빠르게 한 번에 잘라서 가른다.

2

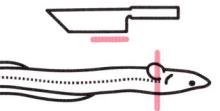

뱀장어의 대가리를 오른쪽, 등을 앞쪽으로 둔다. 등에서 가슴지느러미 아래까지 칼끝을 살짝 들어 가운데뼈 아래까지 잘라서 기절시킨다.

7

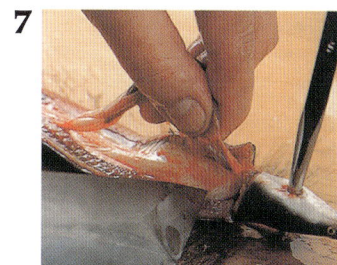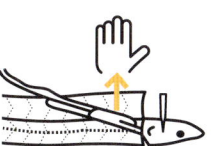

칼로 몸을 눌러 고정하면서, 손으로 내장을 잡아당겨 벗긴다. 간은 국거리용으로 따로 두고, 쓸개는 제거한다.

3

움직임이 멈춘 뱀장어를 고정시킨다. 칼집과 눈 사이 중간 지점을 찾아 장어 송곳을 박는다.

8

가운데뼈를 떼어낸다

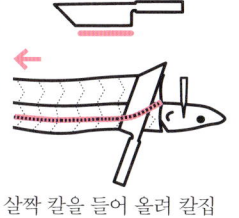

살짝 칼을 들어 올려 칼집의 가운데뼈 아래에 칼을 넣는다.

4

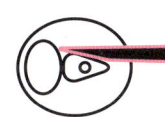

칼집을 넣은 부분에 등 쪽에서 칼을 넣어 가운데뼈를 따라 위쪽을 잘라내고, 껍질 한 겹만 남긴 채로 배를 가른다.

9

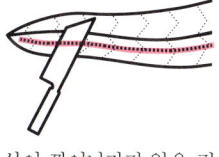

살이 깎여나가지 않을 정도의 각도로 한 번에 칼을 움직여서 가운데뼈를 발라낸다.

5

왼손 검지를 배에 대고 껍질 너머에 있는 칼끝을 고정한다. 왼손 엄지로 칼등을 누른다.

10

가운데뼈를 모두 제거한 상태. 살에 피가 묻지 않도록 깨끗하게 가르려면, 지금까지의 작업을 한 번에, 매끄럽게 이어가는 것이 중요하다.

11 점액을 제거한다

칼을 세워서 꼬리에서 대가리 방향으로 살 위를 미끄러지듯이 혈합육이나 점액을 가볍게 긁어낸다.

12

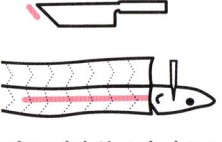

앞쪽 배뼈 부근에 칼끝으로 약 15㎝ 정도에 걸친 칼집을 넣는다. 이렇게 하면 구울 때 뱃살이 오그라들지 않는다.

13 대가리를 잘라낸다

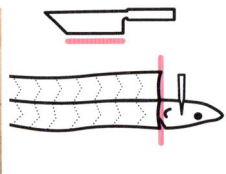

대가리를 잘라낸다.

14 반대쪽 배뼈를 떼어낸다

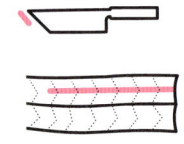

반대쪽 배뼈 연결 부위에 칼끝으로 칼집을 넣는다.

15

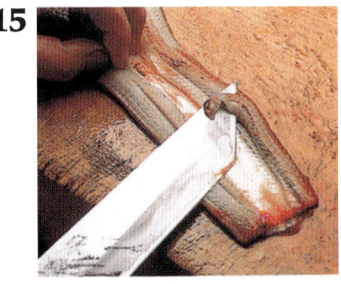
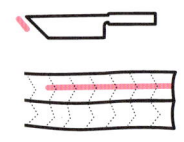

칼날로 반대편 배뼈를 얇게 비스듬히 베어낸 뒤 중앙 부분에 **12**의 칼집과 평행하게 약 15㎝ 길이의 칼집을 두 줄 더 넣어둔다.

16 지느러미를 떼어낸다

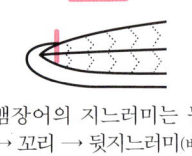

뱀장어의 지느러미는 등 → 꼬리 → 뒷지느러미(배)가 하나로 연결되어 있고, 배지느러미는 없다. 먼저 꼬리 끝에 칼집을 넣는다.

17

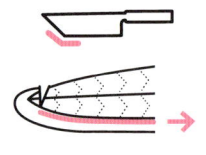

히레비키를 기준점으로 삼아 칼의 방향을 빙 돌려서 뱀장어와 평행하게 맞춘다.

18

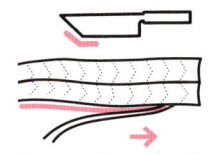

왼손으로 뒷지느러미의 맨 끝을 잡아당기면서, 히레비키 부분을 당기듯이 꼬리지느러미와 등지느러미를 잘라낸다.

19

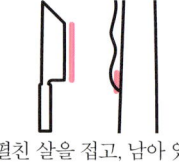

펼친 살을 접고, 남아 있는 꼬리지느러미 연결 부위에 칼집을 넣는다. 도마 가장자리에 칼을 세워서 아래로 당기듯이 자른다.

20

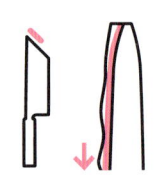

왼손으로 꼬리지느러미의 끝을 잡아당기면서, 꼬리지느러미와 뒷지느러미를 칼끝으로 잘라낸다.

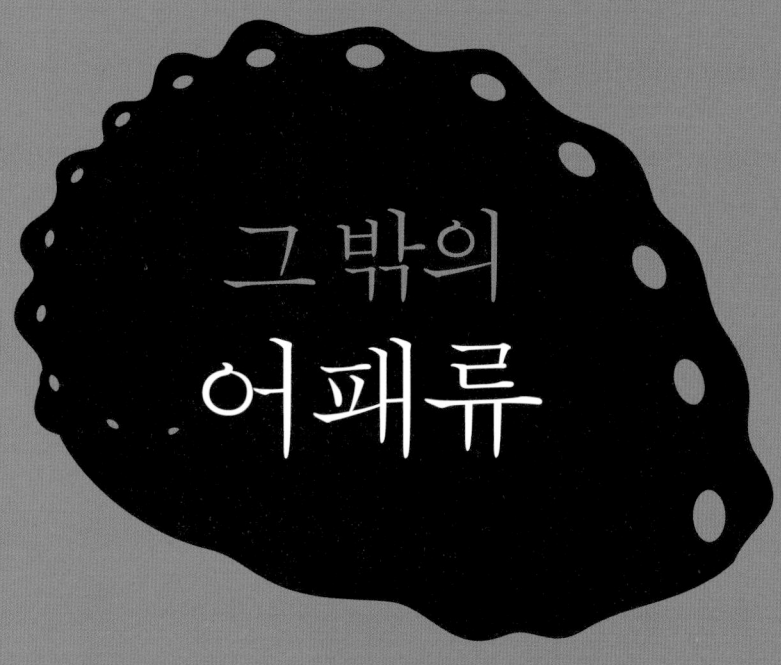

그 밖의
어패류

여기에서는 생선 외의 갑각류나
조개류의 손질법을 수록하였다.
오징어의 지느러미, 전복의 가장자리 살 등
각각의 부위 명칭은 책 앞부분의 범례를 참고한다.

오징어

손질/히라이 카즈미츠

🇬🇧 **calamary/**
squid

🇫🇷 **calmar/seiche/**
sépia

🇮🇹 **calamaro/totano/**
seppia

🇯🇵 烏賊 [イカ]

◎ 갑오징어류는 갑을 제거한 다음 다리와 함께 내장을 꺼낸다.

◎ 갑오징어류의 지느러미(귀)는 지느러미와 몸통 사이에 손가락을 넣어 떼어낸다.

◎ 살오징어와 한치같이 단단한 갑이 없는 통오징어류는 몸통과 다리가 붙어 있는 부분을 손으로 분리한 뒤 다리와 함께 내장을 빼낸다.

◎ 통오징어류는 몸통 안쪽에 손을 넣어 연골 등의 남은 부분을 제거하고 흐르는 물로 씻어낸다.

그 밖의 어패류 | 오징어

살오징어 손질법

1 다리와 내장을 분리한다

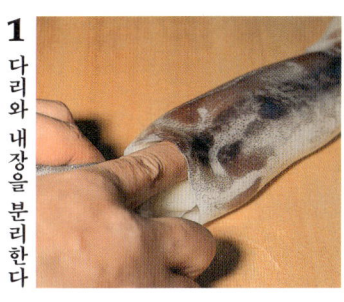

겉껍질의 색이 진한 부분이 위로, 다리는 앞쪽을 향해 두고, 몸통과 다리 연결 부분에 검지를 넣어 내장과 몸이 붙어 있는 부분을 분리한다.

2

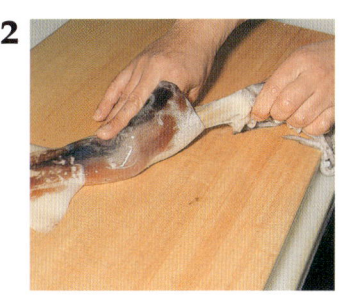

몸통을 잡고, 내장이 끊어지지 않도록 주의하면서 다른 손으로 다리를 천천히 잡아당겨서 빼낸다.

3

몸통 안쪽에 손가락을 넣어 남은 내장을 잡아 꺼내면서 흐르는 물로 씻어낸다. 투명하고 얇은 연골도 함께 제거한다.

4 몸통을 가른다

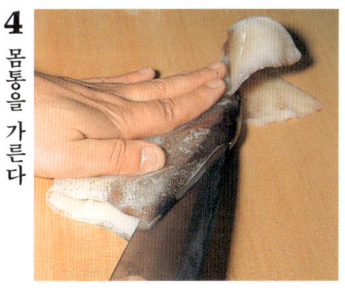

물기를 닦고, 칼끝이 위로 가게 돌려 잡고 몸통 안쪽 연골 부분에 꽂아 아래에서 위로 가른다.

5

몸통을 갈라서 내장 등의 불순물을 깨끗하게 제거한 상태.

6 지느러미와 껍질을 제거한다

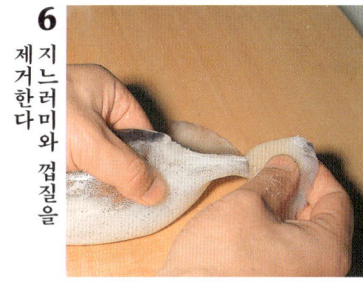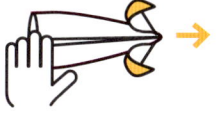

왼손으로 몸통을 누르고, 오른손으로 지느러미(귀)를 잡아서 연결된 부분을 당겨 떼어낸다.

7

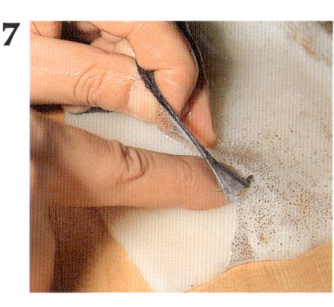

겉껍질을 위로 두고, 절단면에서 살과 껍질 사이에 손가락을 넣어 조금씩 벗겨낸다. 중간에 손으로 살을 눌러가며 겉껍질을 벗긴다.

8

몸의 안쪽에 붙어 있는 얇은 막은 마른 수건으로 세게 문질러서 제거한다. 살의 아랫부분 근처에 돌출되어 있는 두 개의 연골도 얇게 베어내서 제거한다.

9

살의 아랫부분을 깔끔하게 잘라서 끝을 다듬고, 그 끝을 앞쪽으로 돌려놓은 뒤, 사용할 폭에 맞춰 가로 너비를 정해서 세로 3~4 등분으로 잘라 나눈다.

갑오징어 손질법

1

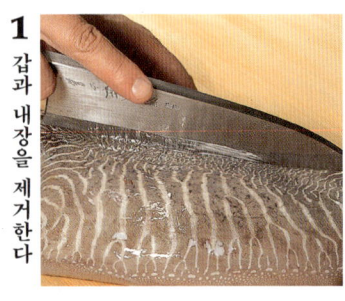 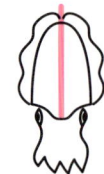

갑이 있는 등의 겉껍질에 세로로 얇게 칼집을 넣는다.

6

 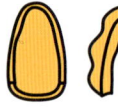

몸통 맨 끝을 손으로 잡고 다른 손의 엄지를 지느러미와 살 사이에 넣어 살 양쪽 끝을 따라 미끄러지듯이 움직여서 지느러미를 떼어낸다.

2

왼손으로 겉껍질의 절단면을 잡고, 단단한 석회질의 갑을 자르지 않도록 주의하며 칼날을 사용해서 갑의 위를 따라 미끄러지듯이 움직인다. 조금씩 절단면을 넓혀간다.

7

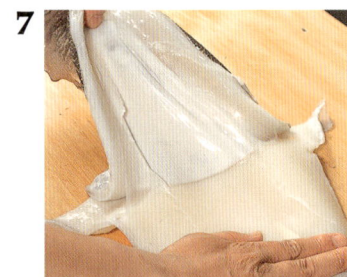 

몸통 방향을 바꿔 끝에서부터 껍질을 조금씩 벗긴다. 중간부터 오른손으로 살을 누르고, 왼손으로 한번에 잡아당긴다.

3

 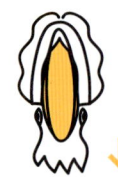

절단면에서 손가락을 갑아래에 넣고, 끝을 밀어내며 갑을 꺼낸다.

8

 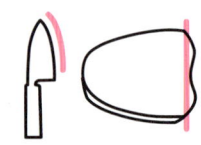

살 안쪽을 위에, 앞쪽 끝을 왼쪽에 두고, 살 하단의 가장자리를 따라, 얇은 막을 남긴 채 칼집을 넣는다.

4

내장을 덮고 있는 얇은 막과 지느러미(귀)의 사이에 손가락을 넣어, 내장을 따라 천천히 손가락을 움직이면서 내장을 꺼낸다.

9

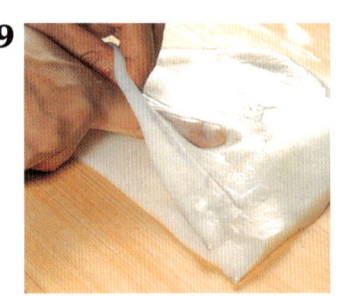 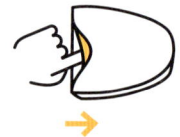

살을 반대로 뒤집어서, 칼집에서부터 살과 얇은 막 사이에 손가락을 넣고 살에서 얇은 막을 천천히 벗겨낸다.

5

 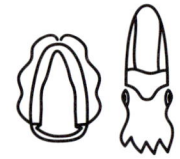

왼손으로 몸통의 맨 끝을 단단히 눌러서 잡고, 오른손으로 잡은 내장을 다리와 함께 살에서 분리한다.

10

중간까지 벗겼을 때, 한 손으로 살을 눌러 고정하고, 다른 손으로는 얇은 막을 잡아당기며 벗긴다.

11

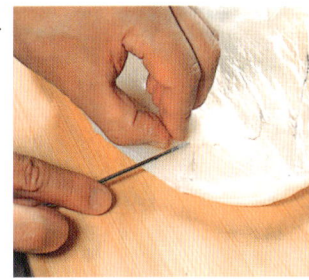

오징어의 살은 겉껍질을 포함해 총 4겹의 층으로 덮여 있다. 얇고 벗기기 어려운 안쪽 가장 아래의 얇은 막은 꼬치를 이용해 제거한다.

12

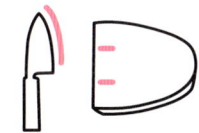

제거되지 않고 남은 얇은 막은 마른 수건으로 문질러서 제거한다. 살 하단에 돌출된 2개의 연골도 얇게 베어내서 제거한다.

13

얇은 막을 제거하고, 깨끗하게 손질이 끝난 갑오징어의 몸.

문어
손질/히라이 카즈미츠

◎ 내장, 눈알, 입은 반드시 처음에 제거한다.

◎ 살아있는 상태에서 조리할 때는 무즙으로 주물러서 불순물과 미끈거림을 제거한다.

◎ 삶에서 조리할 때는 소금으로 주물러서 불순물과 미끈거림을 제거한다.

◎ 껍질이 손상되면 외관이 보기가 좋지 않으므로, 물로 씻거나 데칠 때는 조심스럽게 다룬다.

◎ 데칠 때는 다리 끝부터 천천히 끓는 물에 넣어 다리가 밖으로 말리도록 하면서 데친다.

생으로 사용하는 손질법

1 내장을 제거한다

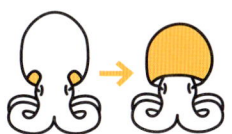

몸통과 내장을 잇는 힘줄을 칼로 자른 뒤, 엄지를 넣어 주머니 모양의 몸통을 뒤집는다.

2

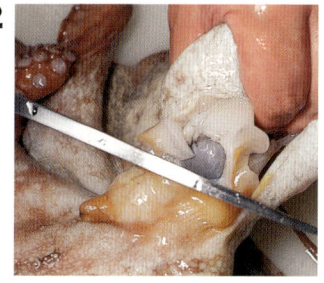

막에 덮여 있는 둥근 형태의 내장이 나오면, 그 막의 연결 부위에 칼집을 넣는다.

3

내장은 물비린내가 나고, 먹물주머니가 함께 붙어 있으므로 막이 터지지 않도록 주의하며 천천히 잘라서 분리해 제거한다.

4

내장의 모습. 먹물주머니(사진의 왼쪽 아래)가 터져서 먹물이 흘러나오면 살이 더러워지니 주의한다.

5 눈알과 입을 떼어낸다

몸통을 원래 형태로 되돌려서 왼손으로 몸통을 잡고, 눈이 상하지 않게 주의하며 눈의 좌우에서부터 칼끝을 눕혀서 칼집을 넣는다.

6

도중에 왼손으로 눈알을 잡아 올리며 잘라낸다. 다른 한쪽 눈알도 같은 방법으로 잘라낸다.

7

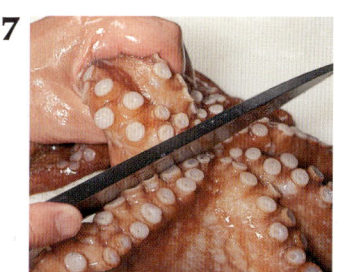

여덟 개의 다리 중 짧은 두 다리의 연결 부위에 입이 있다. 그 연결 부위에 칼집을 넣으면 입을 쉽게 꺼낼 수 있다.

8

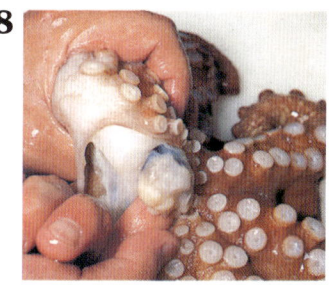

손가락을 입 아래에 넣고 강하게 밀어 올리듯이 제거한다.

9 무즙으로 씻는다

큰 볼에 문어를 넣고, 무즙으로 골고루 주물러서 불순물과 미끈거림을 남김없이 제거한다. 다리는 손가락 사이에 끼워서 훑는다.

10

흐르는 물로 미처 제거되지 않은 불순물과 미끈거림을 무즙과 함께 깨끗하게 씻어낸다.

문어 데치는 법

내장, 눈알, 입을 제거한 문어(앞쪽 문어 손질법 1~8 참조)에 소금을 듬뿍 뿌린다.

11

불순물을 제거한 후, 물기를 닦아내면서 무즙 찌꺼기가 남아 있는지 확인한다.

12

다리를 잘라서 나눈다

다리 연결 부위를 잘라서 몸통과 분리한다.

2

소금으로 문어의 불순물과 미끈거림을 제거한다. 손가락 사이에 다리를 끼워서 다리 연결 부위에서 다리 끝 방향으로 훑어내면, 미끈거림이 빠져나온다.

13

다리를 곧게 펴고 가느다란 끝부분을 잘라낸다.

3

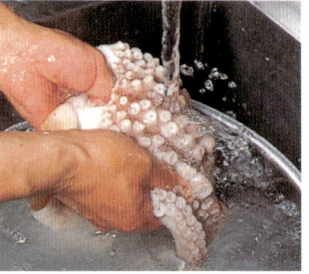

흐르는 물로 불순물과 미끈거림을 소금과 함께 깨끗하게 씻어낸다. 특히 빨판은 불순물이 잘 떨어지지 않기 때문에, 흐르는 물에서 꼼꼼하게 씻는다.

14

칼을 세워 다리 연결 부위에 칼집을 넣고 다리를 하나씩 잘라낸다. 이 상태로 랩으로 싸서 사용할 때마다 꺼내어 회 등에 사용한다.

4

삶는다

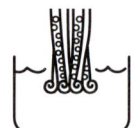

냄비에 넉넉하게 물을 끓인다. 예쁜 색이 나도록 열은 색 간장을 넣고, 문어의 대가리 끝을 잡고 다리 끝부터 천천히 넣는다.

5

다리 끝부터 넣어야 다리가 바깥쪽으로 둥글게 말려서 냄비 안에 딱 맞게 들어가는 형태가 된다.

6

냄비에 문어가 완전히 들어
가면 대가리를 아래쪽으로
뒤집어서 몸 전체가 균일하
게 익을 수 있도록 한다.

7

보글보글하게 끓어오르는
정도로 불을 줄이고, 오토
시부타*를 덮어 삶는다.

8

오토시부타를 가끔 열어
불순물을 걷어내고, 다시
오토시부타를 덮는다. 센불
에서 20~30분간 삶는다.

9

뜨거울 때 껍질이 쉽게 벗
겨지므로, 가능하면 손대
지 말고 상온에서 식힌 뒤
보관한다.

* 냄비 지름보다 작은 나무로 만들어진 뚜껑으로, 재료가 국물의 수면 위로 떠오르지
않게 하여 재료에 맛을 잘 배게 한다.

전복

abalone/
sea-ear

ormeau/oreille
de mer

abalone/
orecchia di mare

鮑[アワビ]

◎ 전복은 몸의 표면에 미끈거림이 있으므로 손질하기 전에 몸에 소금을 묻혀서 문질러 미끈거림을 제거하는 '소금 세척'을 한다.

◎ '소금 세척'을 하면 살이 수축되어 껍데기에서 분리하기 쉬워진다.

◎ 껍데기에서 살을 분리할 때는 껍데기를 따라 강판 손잡이를 밀어 넣고 살을 껍데기에서 잡아당겨서 떼어내는데, 이때 패주 부분이 손상되지 않도록 주의한다.

껍데기를 벗기는 방법과 가장자리 살을 제거하는 방법

1
소금 세척을 한다

껍데기를 깨끗하게 씻은 전복의 살 안쪽에 굵은 소금을 듬뿍 뿌리고 수세미로 문질러 미끈거림과 불순물을 제거한다. 흐르는 물에 소금을 씻어낸다.

6
물로 씻어낸다

흐르는 물에 담가서 다시 한번 수세미로 살을 씻으며 남아 있는 모래나 불순물을 제거한다.

2
껍데기에서 살을 분리한다

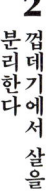 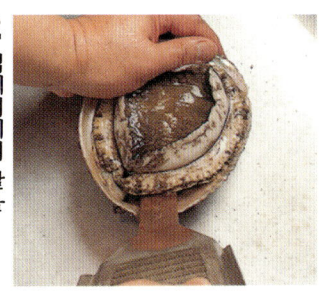 

입 부분(껍데기 얇은 쪽)을 앞으로 둔다. 오른쪽 껍데기를 따라 살과 껍데기 사이에 상판 손잡이를 밀어 넣는다.

7
가장자리 살을 떼어낸다

왼손으로 가장자리 살을 누르면서, 오른손가락으로 입을 잡고 벗겨낸다.

3

강판을 지렛대처럼 이용해 살을 껍데기에서 절반 정도 떼어낸 뒤, 180도 돌려서 도마 위에 세우고 남은 살을 분리한다.

8

입 주변의 딱딱한 살 부분은 야나기바보초로 잘라낸다.

4

패주 모양 부분과 껍데기를 연결하고 있는 얇은 막(히모)을 왼손으로 잡고, 오른손으로 살을 잡아당겨서 떼어낸다.

9

 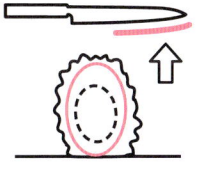

살을 세워서 가장자리 살 연결 부위에 칼을 넣고, 모양대로 가장자리 살을 잘라낸다.

5

껍데기에 남아 있는 막을 잡아당겨서 떼어낸다. 내장도 함께 붙어서 떨어진다.

10

입(오른쪽 아래)과 가장자리 살(오른쪽 위)을 제거해 순살만 남긴 상태(왼쪽).

대게

snow crab/
queen crab

crabe des neiges

grancevola artica/
granceola artica

ずわい蟹 [ズワイガニ]

그 밖의 어패류 | 대게

◎ 등딱지는 몸통 뒤쪽의 배덮개를 떼어내고, 그곳에 손가락을 넣고 열어서 분리한다.

◎ 집게발과 다리는 데바보초의 칼뿌리를 사용해 잘라낸다.

◎ 등딱지를 분리한 후 몸통 부분은 먹기 좋게 여섯 개 정도로 잘라 나눈다.

◎ 등딱지 안쪽과 몸통에는 모래 등 불순물이 붙어 있으므로 꼼꼼하게 제거한다.

◎ 알을 등딱지 바깥쪽에 품고 있는 암컷을 손질할 때는 그 알이 흐트러지지 않도록 주의한다.

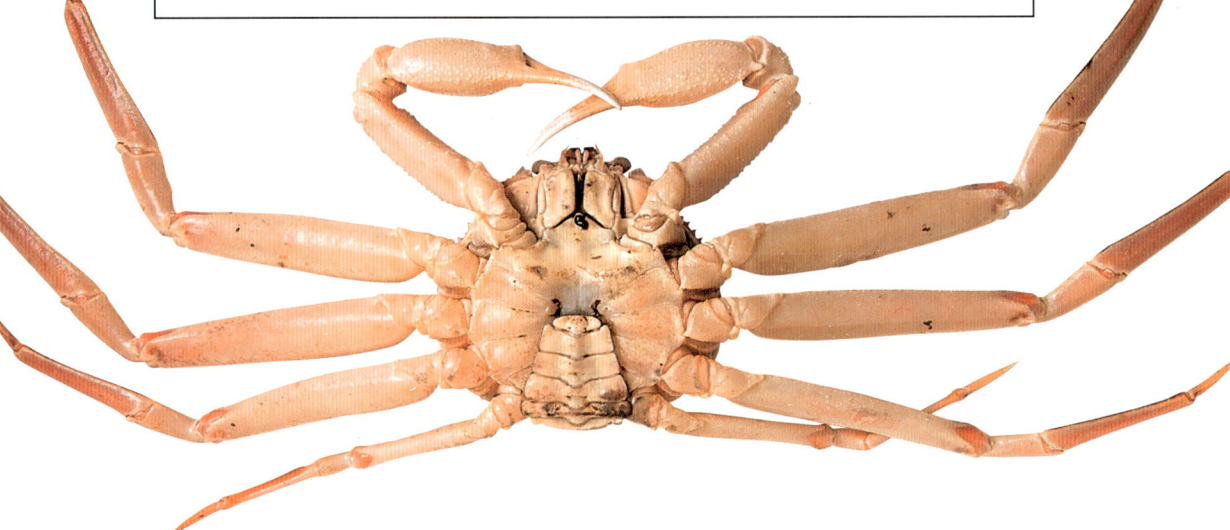

삶은 수컷 대게 손질법

1
다리를 분리한다

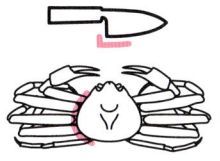

먼저, 한 쌍의 집게발과 네 쌍의 다리를 연결 부위에서 분리한다. 잘라내는 쪽의 다리를 왼쪽에 둔다.

2

다리 연결 부위의 관절에 데바보초를 갖다 대고, 아래로 눌러서 절단하듯 잘라낸다. 칼뿌리 근처를 사용하면 자르기 쉽다.

3
등딱지를 떼어낸다

왼손으로 등딱지를 잡고, 몸통 뒤쪽에 있는 배덮개의 삼각형 맨 끝부분을 오른손가락 손톱 끝을 넣어서 잡는다.

4

그 부분을 앞으로 잡아당기면 배덮개가 떨어진다.

5

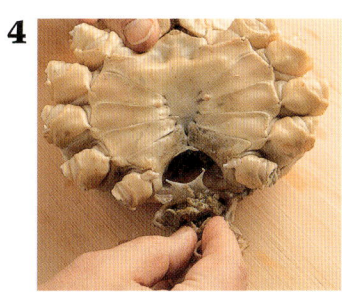

등딱지가 아래로 향하게 오른손으로 잡는다. 왼손으로 몸통 쪽을 잡고, 배덮개를 떼어낸 오목한 부분에 엄지손가락을 넣는다.

6

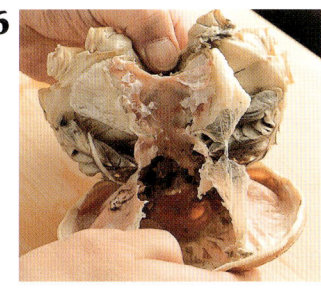

그대로 앞으로 벌리면 등딱지가 떨어진다.

7
아가미를 제거한다

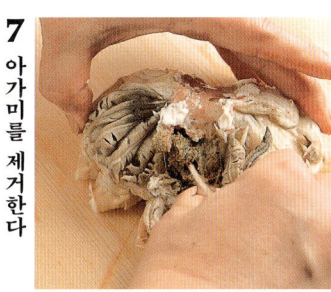

아가미를 떼어낸다. 손가락으로 아가미를 잡아당기면 쉽다.

8

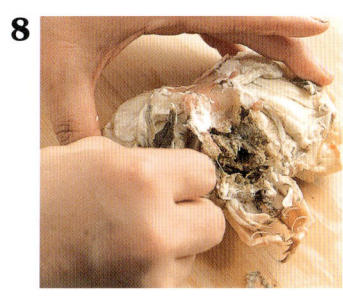

반대편의 아가미도 떼어낸다.

9

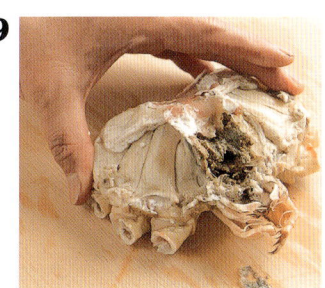

아가미를 다 떼어내면, 나머지는 대부분 먹을 수 있는 부분이다.

10

등껍질 안쪽의 얇은 껍질에 모래가 있을 수 있다. 손가락으로 얇은 껍질째 벗겨낸다.

11

이것으로 게 내장만 깨끗하
게 남는다.

12

몸통 아래쪽에 붙어 있는
흰색 막을 손가락으로 벗겨
낸다.

13

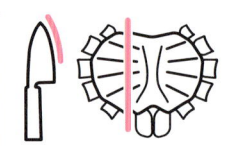

몸통을
손질한
다

몸통을 먹기 좋게 손질한
다. 안쪽을 위로 두고, 왼쪽
1/3 지점쯤에 칼을 넣어 세
로로 자른다.

14

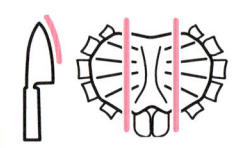

잘라내고 남은 2/3 부분도
좌우를 바꿔 같은 방법으
로 잘라서 나눈다.

15

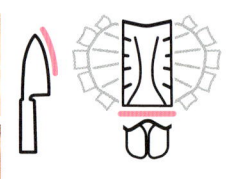

몸통 한가운데의 입 부분을
잘라낸다.

16

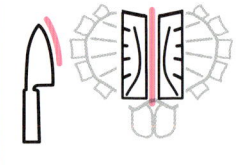

그 부분을 다시 세로로 두
개로 자른다.

17

이렇게 하면 게 내장을 꺼내
기 쉽다.

18

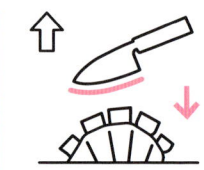

양쪽 다리 부분은 다리 연
결 부위 관절이 위를 향하
게 두고 두 개로 눌러서 자
른다.

19

이 안에도 살이 가득 차 있다.

20

손질한 몸통을 다시 등껍질
위에 올려놓은 상태.

21

다리를 손질한다

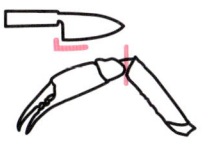

다리를 손질한다. 먼저 가장 굵은, 집게 달린 다리와 집게 부분(손바닥 마디)을 칼뿌리로 관절에서 잘라낸다.

22

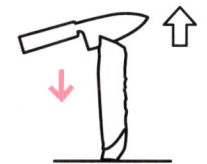

왼손으로 다리를 세워서 잡고, 껍질 흰 부분의 맨 위에서부터 칼날을 넣어 자른다.

23

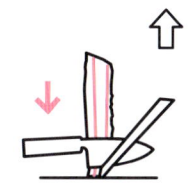

그 상태에서 위에서 누르며 껍질의 흰 부분을 얇게 베어낸다.

24

이렇게 껍질을 얇게 베어내면 살을 부서뜨리지 않고 꺼낼 수 있다.

25

손바닥 마디는 도마 앞쪽 끝에 집게가 튀어나오도록 둔다. 왼손으로 집게를 잡고, 집게 껍질에 칼뿌리를 세로로 깊게 넣는다.

26

그 상태에서 힘을 주어서 세로로 반 쪼갠다.

27

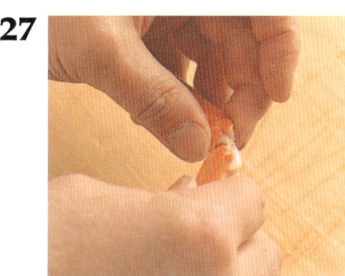
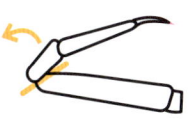

양쪽 네 쌍의 다리를 손질한다. 양손으로 다리를 잡고 관절을 꺾는다.

28

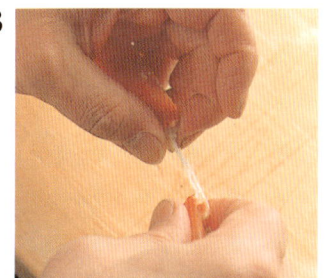

그대로 좌우로 잡아당기면, 굵은 쪽 다리(긴 마디)의 뼈가 빠진다(빼는 가는 쪽 다리에 붙어 있다).

29

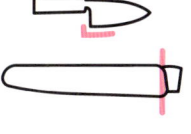

굵은 쪽 다리 연결 부위의 관절 부분을 칼로 잘라낸다.

30

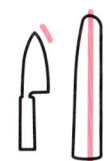

굵은 쪽 다리의 흰 껍질이 위로 오게 두고, 위쪽 끝에서부터 칼끝을 넣는다.

31

그대로 곧게 두 쪽으로 자른다.

32

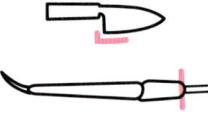

가는 쪽 다리에 붙어 있는 뼈를 칼로 잘라낸다.

33

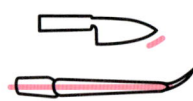

껍질의 흰 부분을 위쪽으로 두고, 다리의 끝을 왼손으로 누르며 바로 아래에서 칼끝을 넣는다.

34

그대로 곧게 두 쪽으로 자른다.

1 등딱지를 떼어낸다

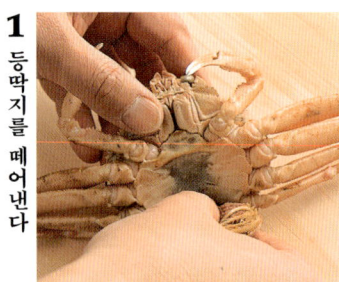

왼손으로 게를 누르고, 오른손가락의 손톱 끝을 배덮개의 맨 끝부분에 넣는다.

2

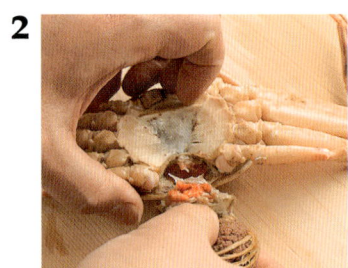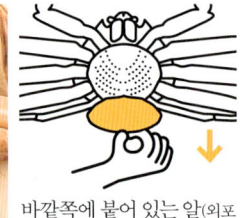

바깥쪽에 붙어 있는 알(외포란)이 흐트러지지 않게 주의하며 배덮개를 떼어낸다.

3

등딱지와 다리를 각각 잡고 벌리면 등딱지가 간단히 떨어진다.

4 아가미를 제거한다

손가락으로 잡아당겨서 아가미를 제거한다.

166

살아있는 수컷 대게 손질법

1
다리를 분리한다

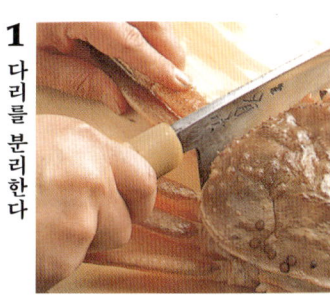
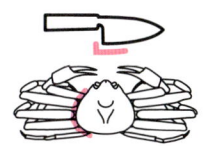

먼저, 한 쌍의 집게발과 네 쌍의 다리를 분리한다. 데바 보초의 칼뿌리로 다리 연결 부위 관절을 아래로 눌러서 절단하듯 잘라낸다.

2
등딱지를 떼어낸다

등딱지와 몸통을 흐르는 물에 씻어내고, 배덮개의 삼각형 맨 끝부분에 손가락을 넣어서 떼어낸다.

3

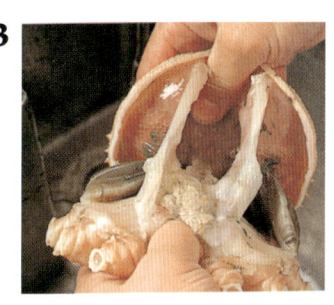

왼손 엄지를 배덮개를 떼어낸 오목한 부분에 넣어 몸통을 잡고 오른손으로 등딱지를 잡아 올린다.

4
아가미를 제거한다

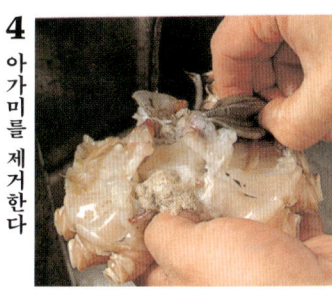

손가락으로 아가미를 잡아당겨서 제거한다. 흐르는 물에서 모래 등을 씻어낸다.

5

몸통의 입 아래쪽에 붙어 있는 막과 관 모양의 기관을 손가락으로 벗겨서 제거한다.

6
몸통을 손질한다

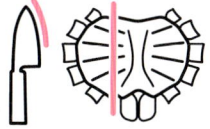

몸통을 손질한다. 안쪽을 위로 두고, 왼쪽 1/3 지점쯤에 칼을 넣어 세로로 자른다.

7

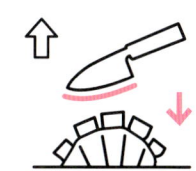

이어서 다리 관절을 위로 놓고 두 쪽으로 자른다. 좌우를 바꿔서 같은 방법으로 자른다.

8

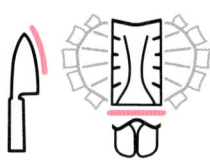

다시 두 쪽으로 자르고, 몸통 한가운데의 입 부분을 잘라낸다.

9

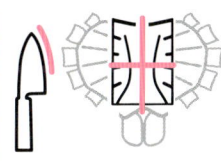

다시 네 쪽으로 자른다.

보리새우

손질/야마모토 마사아키

🇬🇧 **Japanese**
tiger prawn

🇫🇷 **langoustine**
kuruma

🇮🇹 **gambero imperial/**
gambero reale

🇯🇵 ● 車海老 (クルマエビ)

◎ 냉동 새우를 소분해서 다시 냉동하는 경우, 완전히 해동하지 않는다.
◎ 살아있는 새우의 경우에는 대가리를 비틀어서 떼어낼 때 등 쪽의 내장도 함께 제거한다.
◎ 대가리를 비틀어서 떼는 방법은 새우를 어떤 용도로 쓸지에 따라 다르다.

그 밖의 어패류 | 보리새우

살아있는 보리새우 손질법

1

보리새우의 머리가슴 부분과 배 부분을 양손으로 잡고, 머리가슴 부분을 뒤로 젖히듯이 떼어낸다.

2

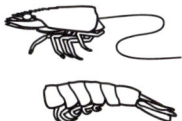

머리가슴 부분에 내장을 붙인 채로 그대로 잡아당겨 뽑아낸다. 이 방법은 활새우만 가능하다.

3

보리새우의 복부를 껍질째 얼음물에 1분 정도 담가서 불순물과 미끈거림을 제거한다. 껍질을 벗기면 감칠맛이 사라진다.

4

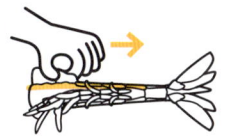

대가리를 제거한 몸통을 다리가 위쪽을 향하도록 잡고, 껍질 안쪽에 손가락을 걸어 껍질을 벗긴다.

5

용도마다 껍질을 벗기는 방법이 다르다. 다진 새우살을 만드는 경우에는 껍질을 깨끗하게 제거한다.

새우의 해동과 재냉동 방법

1

제거한다 모래 등 불순물을

덩어리째 얼린 새우를 박스에서 꺼내 트레이에 옮기고, 물을 약하게 흘려보내면서 해동한다. 흐르는 물에 담가두면 해동 시간이 빨라진다.

2

덩어리째 얼린 새우가 각각 분리된 상태가 되었다면 구멍이 있는 트레이나 채에 올려서 물기를 뺀다. 너무 오래 물에 담가두지 않는 것이 좋다.

3

바닥에 랩을 깔고 물기를 뺀 새우를 가지런하게 빈틈이 없도록 엇갈리게 배열한다. 랩으로 덮어 냉동실에 다시 얼린다.

169

닭새우

손질/츠다 신

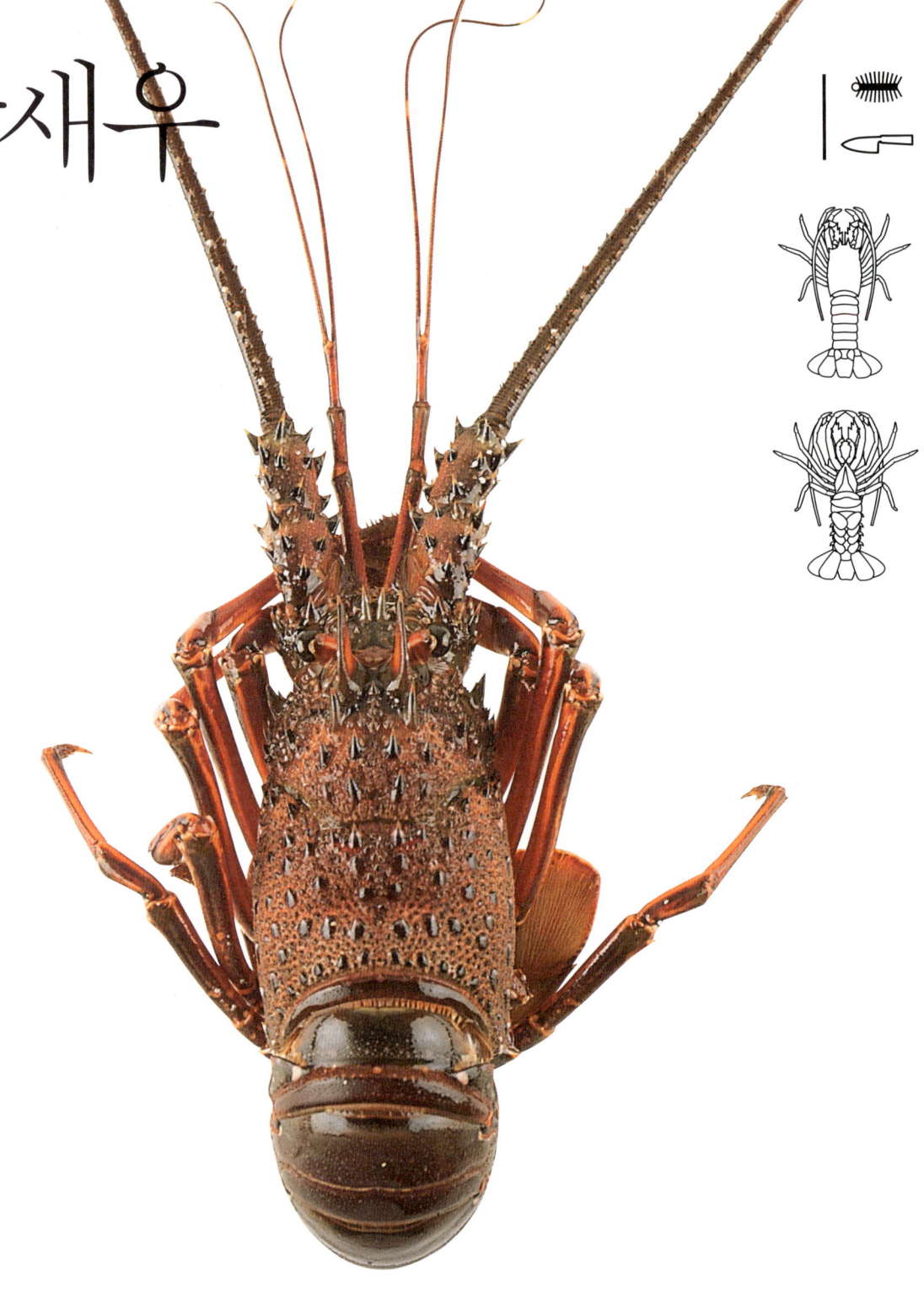

◎ 머리가슴 부분을 분리할 때는 머리가슴 부분과 배 부분의 경계에 있는 얇은 막을 배 쪽에서부터 잘라서 분리한 뒤, 손으로 대가리를 비틀듯이 뽑아낸다.

◎ 껍질에서 살을 분리할 때는 살에 붙어 있는 얇은 껍질까지 함께 벗기면 쉽게 떨어지고 살이 으스러지지 않는다.

◎ 꼬리의 껍질을 그릇처럼 이용해 스가타즈쿠리(일명 통사시미)를 하는 경우, 껍질이 손상 되지 않도록 주의해서 다룬다.

껍질을 사용하지 않는 손질법

1 머리가슴 부분을 떼어낸다

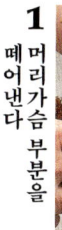  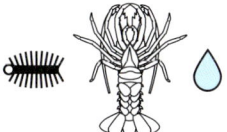

흐르는 물에 담가서 수세미로 문질러가며 전체를 잘 씻어낸다. 껍질 마디 등에 톱밥이나 이물질이 묻어 있을 수 있다.

2

 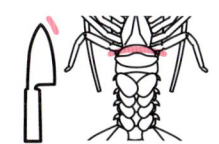

꼬리를 아래로 두고 왼손으로 잡은 채 머리가슴 부분과 복부의 경계에 데바보초의 칼끝을 꽂아 접합부의 얇은 막을 자른다.

3

 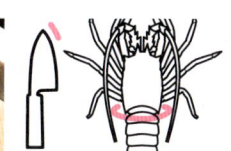

칼끝을 앞뒤로 조금씩 움직이면서 껍질의 곡선을 따라 한 바퀴 돌린다. 손으로 살짝 비틀어 대가리를 떼어낸다.

4 복부의 껍질을 쪼갠다

 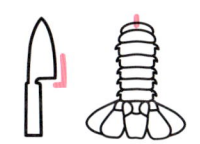

등을 위쪽, 꼬리를 앞쪽으로 두고, 꼬리를 왼손으로 누른다. 칼뿌리의 각으로 머리가슴 부분의 연결 부위 중앙을 가볍게 두드려서 칼집을 넣는다.

5

옆으로 눕혀 두고, 칼을 왼쪽으로 기울여서 옆 부분을 힘주어 두드린다.

6

 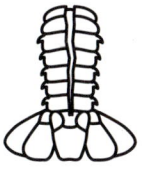

4의 칼집에서 꼬리 연결 부위까지 세로로 깊게 금을 넣는다.

7 껍질에서 살을 꺼낸다

 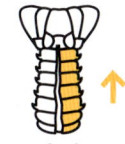

새우를 돌려 왼손으로 잡고, **5**의 금을 기준으로 삼아 손가락으로 머리가슴 부분의 연결 부위에서부터 오른쪽으로 껍질을 벗겨낸다.

8

 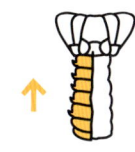

그대로 오른쪽 껍질을 꼬리 연결 부위까지 벗겨서 펼친다. 왼쪽 껍질도 같은 방법으로 껍질을 벗겨낸다.

9

 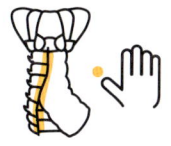

오른손 엄지손톱을 세워서 왼쪽 껍질과 살 사이에 끼워 넣고, 왼손으로 껍질을 벌리듯이 벗긴다.

10

동시에 오른손 엄지로 껍질 안쪽의 얇은 막째로 살을 배 쪽 껍질에서부터 잡아당겨서 벗겨낸다.

11

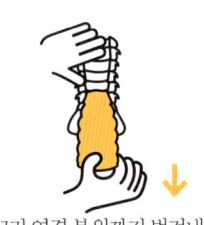

꼬리 연결 부위까지 벗겨내면 왼손으로 껍질을 누르고 오른손으로 살을 잡아당기면서 완전히 분리한다.

12

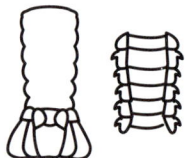

살과 얇은 막이 붙어 있던 배껍질이 깨끗하게 분리된 상태.

13

얇은 막을 떼어내고 순살로 다듬는다

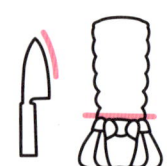

꼬리 연결 부위에 칼을 넣고 꼬리를 잘라낸다. 꼬리는 장식용으로 사용하기 때문에 따로 둔다.

14

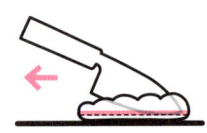

분리한 살을 세로로 두고, 아래의 얇은 막을 자르지 않도록 주의하며 세로 중앙에 칼을 넣는다.

15

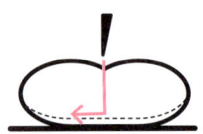

이 칼집에서부터 왼쪽의 살과 얇은 막 사이에 칼날을 꽂아, 얇은 막을 얇게 베어내듯이 자르며 살을 발라낸다.

16

이렇게 왼쪽 살이 분리되었다.

17

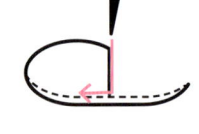

살을 왼쪽으로 돌려놓고, **15**와 같은 방법으로 살과 얇은 막 사이에 칼날을 꽂는다.

18

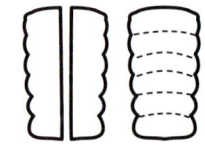

얇은 막을 얇게 베어내듯이 잘라서 살을 발라낸다. 얇은 막은 칼로 두들겨서 닭새우 신조* 등에 사용한다.

* 새우를 간 살에 참치나 달걀흰자 등을 넣고 빚어서 삶거나 튀긴 요리.

스가타즈쿠리 손질법

1 머리가슴 부분을 떼어낸다

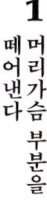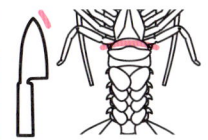

꼬리를 아래쪽으로 하여 왼손으로 잡고, 머리가슴 부분과 복부의 경계에 데바보초의 칼끝을 꽂고 접합부의 얇은 막을 자른다.

2

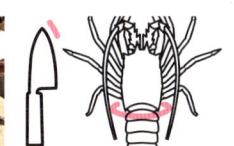

칼끝을 앞뒤로 조금씩 움직이면서, 껍질의 곡선을 따라 한 바퀴 돌린다. 손으로 살짝 비틀어 머리가슴 부분을 떼어낸다.

3 배의 얇은 껍질을 벗긴다

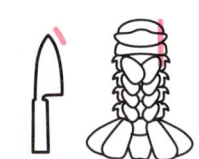

다리 연결 부위의 가장자리와 껍질 사이에, 칼을 세워서 칼끝으로 칼집을 넣는다.

4

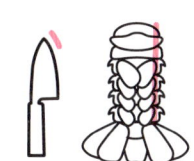

그대로 꼬리 쪽으로 다리를 한 마디씩 칼끝으로 잘라가며, 동시에 껍질과 살 사이에도 칼집을 넣는다.

5

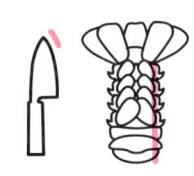

방향을 바꿔서, 같은 방법으로 반대쪽 다리와 껍질 가장자리에도 칼을 넣어서 자른다.

6

머리가슴 연결 부위의 얇은 껍질을 오른손가락으로 잡고, 왼손으로 살을 눌러가며 꼬리 쪽을 향해 한 마디씩 벗겨간다.

7

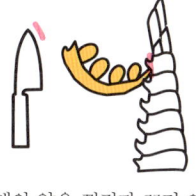

배의 얇은 껍질과 꼬리 연결 부위는 칼로 잘라서 분리한다.

8

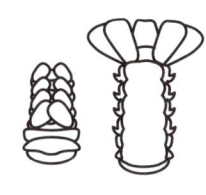

이렇게 해서 배의 얇은 껍질이 깨끗하게 벗겨졌다.

9 껍질에서 살을 꺼낸다

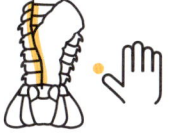

왼손으로 껍질을 잡고, 오른손 엄지손톱을 껍질과 살의 얇은 막 사이에 세워서 끼워 넣고 살을 꼬리 쪽으로 잡아당겨서 벗긴다.

10

이 얇은 막이 붙은 채로 마디마디 힘을 주어서 살을 껍질에서 분리한다.

11

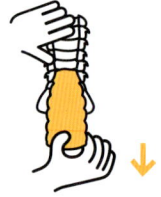

꼬리 연결 부위까지 살이 껍질에서 떨어진 상태.

12

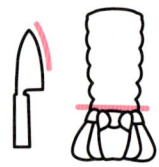

꼬리 연결 부위의 살은 칼로 깨끗하게 잘라낸다.

13

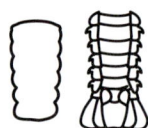

이렇게 껍질과 살이 분리되었다. 살에서 얇은 막을 벗겨 순살로 만드는 방법은 '껍질을 사용하지 않는 손질법 **13~18**'과 같다.

14

머리가슴 부위를 도마 위에서 탕탕 가볍게 두들겨서 내장을 빼낸다. 이때 큰 더듬이(제2 더듬이)가 부러지지 않도록 주의한다.

부록

생선의 츠보누키와
스가타즈쿠리용 손질법

'츠보누키'란 생선의 배를 깊이 자르거나 대가리를 떼지 않고,
입이나 아가미덮개를 통해서 내장을 빼내는 손질법이다.
뱃속에 재료를 채워 통째로 조리하는 등
생선의 형태를 살린 요리를 할 때 사용한다.
한편, 츠보누키를 한 생선에서 대가리를 떼지 않고
세 장 뜨기를 해서, 대가리와 꼬리가 붙어 있는 가운데뼈를
그릇에 세우고 회를 담아내는 것을 '스가타즈쿠리'라고 한다.
일명 통사시미라고도 하는 이 손질법은
모양을 신경 써서 그릇에 담아낼 때
겉면이 되는 쪽의 배뼈를 자르지 않고 살을 발라낸다.

츠보누키

1

츠보누키의 예로 여기서는 작은 전갱이를 사용한다. 보리멸이나 전갱이와 같이 작은 생선은 입에서 내장을 빼낸다.

2

배를 위쪽으로 두고, 젓가락으로 입을 눌러서 벌린다.

3

벌린 입으로 젓가락 두 개를 곧게 넣고 아가미를 끼운다.

4

젓가락을 비틀어 아가미 연결 부위를 잡아 떼어낸다.

5

아가미덮개를 벌려서 아가미와 아가미에 연결된 내장을 긁어서 빼낸다.

6

큰 생선의 경우에는 아가미덮개 쪽을 벌려서 옆으로 젓가락을 꽂아 넣어도 좋다.

7

젓가락에 아가미를 끼워서 비틀어 자른다.

8

젓가락에 감겨 있는 아가미를 빼낸다.

9

옅은 소금물에 담가서, 아가미뚜껑을 벌리고 젓가락으로 남은 내장을 긁어낸다.

10

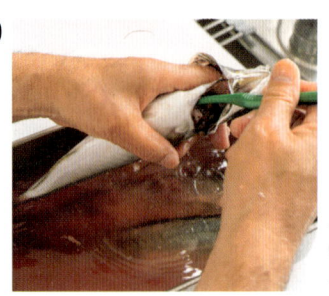

붉은 혈합육이 남아 있지 않도록 세척솔로 깨끗하게 씻어낸다.

스가타즈쿠리

11

츠보누키한 전갱이를 준비한다. 대가리를 왼쪽, 배 쪽을 앞으로 향하게 도마에 두고, 모비늘을 잘라서 벗겨낸다.

12

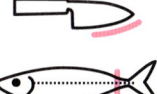
꼬리가 시작되는 지점에 세로로 칼집 하나를 넣는다.

13

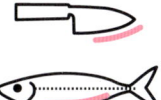
여기서부터 배를 따라 칼집을 넣는다.

14

대가리에 목살이 붙어 있도록 비스듬하게, 대가리에서 배를 향해 대각선으로 칼집을 넣는다.

15

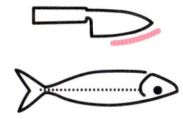
180도 회전시켜서 대가리는 오른쪽, 등은 앞쪽을 향하게 둔다.

16

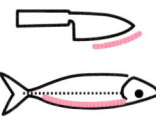
14의 칼집에 칼을 넣고 등을 따라 등껍질을 자른다.

17

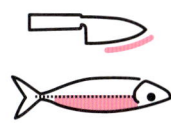
척추뼈를 따라 미끄러지듯이 칼을 움직여서 등살을 잘라낸다.

18

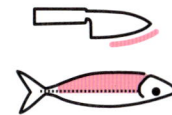
그대로 칼을 안쪽까지 꽂고 배 쪽의 살을 잘라낸다. 단, 가운데뼈에서 배뼈 연결 부위를 자르지 않도록 주의한다.

19

배뼈를 자르지 않도록 주의하면서, 가운데뼈에 살을 약간 남기듯이 자르면 좋다.

20

젖히듯이 들어 올려서 척추뼈 위를 따라 미끄러지듯 잘라 나가며, 뱃살을 잘라낸다.

21

꼬리까지 칼을 움직여서 한쪽 살을 발라낸다. 그 후 생선을 뒤집어서 대가리를 오른쪽, 배를 앞쪽으로 돌려놓는다.

22

대가리에 목살이 붙어 있도록 비스듬히 칼집을 넣은 뒤 항문까지 잘라낸다. 그릇에 담아낼 때 뒷면이 되므로 배뼈는 잘라내도 된다.

23

대가리를 왼쪽, 등을 앞쪽으로 돌려놓는다. 꼬리에서 대가리를 향해 가른다.

24

대가리 연결 부위에 칼집을 넣고, **22**의 비스듬히 잘라 넣은 칼집과 이어지게 한다.

25

꼬리에서 척추뼈 위를 따라 미끄러지듯 잘라 나가며 등살을 분리한다.

26

젖히듯이 들어 올리고, 척추뼈를 넘어 뱃살도 잘라서 분리한다.

27

대가리까지 잘라 나가며 한쪽 살을 발라낸다.

28

대가리가 붙어 있는 가운데뼈. 이쪽은 배뼈가 잘려 나가서 내장이 들어있던 복강이 보인다. 한쪽 살에는 배뼈가 붙어 있으므로 제거한다.

29

스가타즈쿠리용으로 세장 뜨기가 끝난 상태. 가운데뼈는 대가리와 꼬리, 한쪽 살의 배뼈가 붙어 있다.

30

가운데뼈는 이쑤시개 등으로 찔러서 대가리와 꼬리가 휘어진 형태로 고정하고, 그 위에 회를 담아낸다. 생선의 신선도를 강조한 기술이다.

재료명 찾아보기

손질 담당자 소개

엔도 토시오

1940년 이바라키현 출생. 도쿄 유시마의 '히라노' 등을 거쳐 1978년에 ㈜일본흥업은행 아오야마클럽의 요리장이 되었다. 1999년 10월에 독립하여 도쿄 이타바시에 요리연구소 '아오야마클럽'을 설립하고, 궁내청 어용 만요요리연맹 이사장을 역임했다.

사토 신조

1933년 후쿠시마현 출생. 1952년에 기온의 '타마노야'에 들어가 수련했다. 1967년 교토의(주)미노키치에 입사하여 본점 '치쿠모로' 완공(1992년)과 동시에 조리장에 취임했다. 2003년 명예고문을 지내고 2005년에 퇴임했다.

야스미 히사시

1948년 미야기현 출생. 고등학교 졸업 후 도쿄·가나가와의 요정에서 수련하고, 1973년 교토 '미노키치'에 입사했다. 간사이 각지의 점포에서 조리장을 역임한 뒤 본점 '치쿠모로'의 조리장을 거쳐 2002년 이사로 취임했다. 신주쿠 스미토모 지점의 조리장 겸 지배인을 거쳐 조리 고문으로 취임, 현재 재직 중이다.

츠다 신

1947년 교토 출생. 1970년에 도쿄의 '쿄아지'에 입사하여 수련했다. 1982년에 독립하여 도쿄 아자부주방에 '쿄쓰다'를 개업, 1993년 도쿄 아카사카로 이전했다(현재 휴업 중).

노자키 히로미츠

1953년 후쿠시마현 출생. 무사시노영양전문학교를 졸업하고 '도쿄 그랜드호텔', '핫포엔' 등에서 수련했다. 1980년 '토구야마'에서 요리장을 지냈다. 1989년에는 '와케토쿠야마'의 총요리장이 되었다. 2003년 미나미아자부로 이전, 2023년에 은퇴했다.

히라이 카즈미츠

1946년 교토부 출생. 고등학교 졸업 후, 교토의 요정 '하마사쿠'에서 입사하여 수련했다. 오사카에서 6년간 요리장을 경험한 뒤, 1983년 오사카 타니마치에 독립해서 '와카렌'을 개점했다. 1991년 본점 근처에 '쿄카이세키 와코렌'을 열었고 2005년에 이전 통합했다.

유이노 야스오

1969년 미에현 출생. 아베노 츠지조리사학교 졸업 후 19세에 와코렌에 입사했다. 29세까지 약 3년간 '고베 베이쉐라톤 호텔'에서 수련했다. 이후 와코렌으로 복귀하여 지점요리장을 거쳐 2005년 '쿄카이세키 와코렌'의 조리장으로 취임했다. 2019년 독립하여 오사카 혼마치에 '이시가츠지 유이노'를 개업했다.

야마모토 마사아키

1953년 도쿄 출생. 1971년 교토 '탄쿠마 키타미세'에 입사하여 수련했다. 5년 뒤 도쿄로 돌아와 친척이 운영하는 생선가게 '우오신'을 도왔다. 1980년 도쿄 아카사카에 '아카사카 토토야 우오신' 개점과 동시에 요리장 취임했다. 2012년 은퇴.

SAKANA NO OROSHIKATA: KATACHI TO KOKKAKU DE RIKAI SURU
@ SHIBATA PUBLISHING Co., Ltd. 2024

Original Japanese edition published by SHIBATA PUBLISHING Co., Ltd.
Korean translation rights arranged with SHIBATA PUBLISHING Co., Ltd.
through The English Agency (Japan) Ltd. and Eric Yang Agency, Inc.

회뜨기 바이블

초판 1쇄 발행 2026년 1월 15일

지은이 시바타쇼텐
옮긴이 최선아

주간 이동은
편집 김주현
마케팅 장기석 성스레
제작 진우석 박장혁

발행처 북커스
발행인 정의선
마케팅 이사 사공성
이사 전수현

출판등록 2018년 5월 16일 제406-2018-000054호
주소 서울시 종로구 평창30길 10
전화 02-394-5981~2(편집) 031-955-6980(마케팅)
팩스 031-955-6988

ISBN 979-11-90118-98-9 (13590)

- 값은 뒤표지에 있습니다.
- 파본이나 잘못된 책은 구입하신 서점에서 교환해 드립니다.